わかる！
使える！

粉体入門

山田昌治［著］
Yamada Masaharu

日刊工業新聞社

【はじめに】

この本を手に取って見られているということは、おそらく理系・技術系の方が多いのではないでしょうか。大学では機械工学を学びましたか。あるいは応用化学ですか。それとも情報科学でしょうか。粉体工学を学んだという方は、学部の講義も含めてあまりいないのではないかと推察しています。

筆者は、ご縁があって国際粉体工業展で学生さんや若手の技術者各位向けに粉体技術のイントロダクションをお話ししています。会場に来られた皆さんは、まず、展示会の規模に驚かれます。出展社は300社を超え、来場者は2万人規模です。この規模は、産業界にとって粉体はなくてはならないものであることを物語っています。

皆さんの身のまわりを見回してみてください。小麦粉や砂糖、食塩、ベビーパウダー、化粧品のファンデーション、洗剤など日用品の中に粉体はたくさんあります。コピー機のトナーも粉体です。セメント、アルミニウムの原料になるボーキサイト、セラミックスの原料も粉体です。環境問題でも、PM2.5や花粉、煤塵(ばいじん)などがありますし、先端材料分野でもナノ粒子が話題になっています。つまり皆さんは社会に出て粉体と関わる可能性が非常に高いということです。

大学で固体や流体の力学を学んだ人は多いと思いますが、そういう専門家でも粉体の取り扱いでは苦労します。昔の偉い先生が、「粉は魔物だ!」と言っておられました。確かに粉は魔物ですが、筆者はそこにビジネスチャンスがあると考えております。

本書では、粉体をどのように考えたらよいかといった基本的な話から、粉体技術特有の概念、また、粉体機械を取り扱う上での基礎的なことがらに焦点をあてました。粉体と関わることになった若手の皆さんに、先輩技術者が傍らにいて、これはこう、そこはこう考えて、といったように、お話をするつもりでまとめました。

第1章では、粒子の大きさ、大きさの分布、付着力、凝集・分散・充填性といった粉体固有の基礎的なことがらについてまとめました。第2章では、粉体を取り扱うための段取りとして、粒子径分布の測定、粉体の捕集・粉砕・分級・輸送といった単位操作についてまとめました。それから本書の大きな特徴の一つですが、初めて現場に出て粉体機械類を取り扱う際に困らないような機械要素の基礎知識についてまとめました。第3章では、粉体の取り扱い技術のポイントについて述べました。流れやすさを総合的に評価すること、充塡性・流動性・混合性・造粒・乾燥・保管性・分離技術の向上についてまとめました。また、ナノ粒子、機能性粒子についても述べました。最後に実践演習と題して、本書で学んだことを生かしていただけるようなテーマを設定しました。以上のように本書は、基礎、段取り、応用とステップワイズに粉体技術を学んでいただけるように構成しております。

日刊工業新聞社から本書の依頼があったとき、実は世の中に優れた粉体工学の入門書があるので、屋上屋を架すことにならないかと危惧しました。たとえば筆者が敬愛してやまない椿淳一郎博士、鈴木道隆博士、神田良照博士の「入門粒子・粉体工学」（参考文献7）はお薦めの書ですが、同書の準備段階として本書を位置づけ、若手の技術者が現場に配属されて、いきなりボルトを締める作業に従事するような状況でも困らないようにすることで、皆さんのお役に立てると考えております。

本書を一読されて、粉体の世界に関心をもっていただき、より高い所を目指していただきたいと願っております。

2020年3月　　　　山田　昌治

わかる！使える！粉体入門

目　次

【第1章】
これだけは知っておきたい
粉体の基礎知識

4　粉を分級する

5　粉を自由自在に操る

6　粉体機械の取り扱い

【第3章】粉体の取り扱いのポイント

1　ハンドリング技術の向上

2 分離技術の向上

3 ナノ粒子を作りたい

4 機能性の向上

5 実践演習

コラム

【第1章】

これだけは知っておきたい
粉体の基礎知識

1.1.1
粉体とは何か？

私たちの身のまわりを見るとたくさんの粉があります。小麦粉、洗剤、セメント、医薬品、化粧品、花粉など挙げだしたら切りがありません。また技術者として社会に出ると生産に携わることになりますが、生産現場では、プラスチックも金属も食品も粉の状態で取り扱われることが非常に多いと感じるはずです。

❶大きさから粉体を考える

では改めて粉体とは何か、と問われると、考え込まれる方が多いのではないでしょうか。セメントは粉であることは明白です。石ころや岩石は粉でしょうか。少なくとも粉とはいわないと思います。では、もっと小さな砂はどうでしょう。粒であるとはいえますが、粉といえるかどうかは微妙なところです。

逆に小さいほうを考えてみます。タンパク質はアミノ酸が多数結合したポリマーで、一つの単位が数nmです。タンパク質の1個の単位を粉とはいわないと思います。赤血球は血液細胞の一つで、大きさは7 μm～8 μm、厚みが2 μmくらいの扁平な円盤状の粒子です。血液中の赤血球の個数を調べることがありますので、粉とは呼べないものの、微粒子と呼んでよさそうです。無機材料では、ヒュームドシリカと呼ばれる数nm～数10 nmの粒子があります。非常に嵩高くて手でつかめないほどです。サイズが小さくて、たくさんの数が集まると、大きな固体とは異なった特性をもつものを粉と呼んでもよさそうです。

工学的には、粉のことを粉体と呼びます。また、砂のようなサラサラしたものを粒体と呼んで区別しています。両者をまとめて粉粒体といったりします。粉粒体というと、噴流体と紛らわしいので気をつけてください。

❷粉体と粒体の違い

では、粉体と粒体とは何が違うのでしょうか。子供のころ、砂場遊びをした記憶のある方は多いのではないでしょうか。遊びを終えて手をポンポンと払うと砂粒は全部落ちますが、なんとなく手はザラザラしていました。手のひらをよくみると小さな砂粒がついていました。つまり大きな砂粒は手のひらから簡単に取れるのに対して、小さな砂粒は手にくっついて取れません。この場合、小さな砂粒は手のひらに付着しています。砂粒と手のひらの間に相互作用があるわけです。この場合の相互作用は付着力です。砂粒も小さな砂粒も組成が同じなのに付着力の大小があるのはなぜでしょうか。そこに粒の大きさの概念が現れます。

大きさによって付着力の大きさが異なり、付着力の関与しないものを「粒体」、強く関与するものを「粉体」ということにします。これで定義ができたかというとこれでは不完全です。なぜなら、付着力とはどういう相互作用なのか、粒子の大きさとはどう定義するのか、ということがまったく説明されていないからです。本書では、こういった粉体の基礎的なことがらについて詳しく解説していきます。

❸集合体としての性質

また上では、粒体や粉体1個の相互作用を述べていますが、実際には、たくさんの粒子が集まった集合体としての挙動を説明しなければなりません。つまり粒子1個の性質だけでは不十分で、粒子が多数集合して粒子部分と空隙の部分からなり、粒子は大きさの分布があって、大きさごとに異なる複数の相互作用が存在する、という前提で現象をとらえないといけないことになります。したがって、粒子径分布の評価は粉体工学の分野ではとても重要な要素です。

さらには空隙には空気があります。湿った粉体の場合は、水が存在します。この空隙における水や空気の存在によって、単なる粒子の集合体が、抵抗なく流れる流体のような挙動を示したり、硬い一つの塊のようになってしまったりします。

英語では、粉体はpowderと書かれたり、bulk solidと書かれたりします。bulkという単語は嵩(かさ)を意味しますので、bulk solidは固体粒子と空気が混在している状態を意味します。固体粒子と空気が混在することで、新たな性質が現れ、粒子と粒子との間の相互作用によって、流動、閉塞、付着、凝集といった粉体としての特異な性質が現れます。このことは粒子と粒子の間の媒体が水であっても同じで、水の少ない状態では、粒子と粒子の間に摩擦力を含む相互作用があるため地盤として固体のようにふるまいますが、水が増えると粒子と粒子との接触が減り、あたかも液体のようにふるまうようになります。地震のときなどにみられる液状化現象はこのような原理で起こります。

要点 ノート

粉体は固体粒子と媒体が混在している集合体であり、粒子と粒子の相互作用によって、流動、閉塞、凝集といった特異な性質を示します。

1.1.2

粒子の大きさ

❶小ささの極限

前項では、粒と粉の境界のお話をしました。では、小さいほうはどうでしょうか。分子1個は少なくとも粉とはいいません。大きさが数nmのタンパク質も粉や粒子とはいいません。日本アエロジル株式会社のアエロジルという溶融シリカ粉末製品があります（**図1-1-1**）。一次粒子は10 nmくらいの非常に小さな粒子からなる嵩高い粉体です。これくらい微小な粒子ですと、密に詰めることは難しく、綿菓子のようなふんわりとした堆積構造を示します。一次粒子が10 nmと仮定して、計算してみると粒子1gあたり200 m^2を越える表面積となります。粒子同士が木の枝状に付着力でつながっています。付着というのは、結合しているけれど物理的な力で引き離すことができる状態を指します。以上のことから分子と粉体の境界は、粒子と粒子の間に付着力が存在し、充填構造が粒子と媒体（空気や水）からなるものを粉体と呼んでよさそうです。

ただ、近年フラーレン（<1 nm）やカーボンナノチューブ（1～数10 nm）といった炭素分子も取り扱われるので、小さいほうはあいまいになってきてはいます。

❷デンプン粒子

図1-1-2には、小麦粉に含まれているデンプン粒子の写真を示します。デンプンは植物がエネルギー源としてブドウ糖を数珠つなぎにして高分子化し、粒子の形にしたものです。大きさは20 μmくらいの円盤状の形をしています。小麦粉を練って、十分に水洗いをすることでデンプンを分離することができます。このデンプンは浮粉と呼ばれ、和菓子の原料などに使われます。手に付くとなかなか取れない付着性の高い粉です。

石もたくさん集めて積み上げれば集合体となり、ショベルローダーですくい上げ、ベルトコンベアで搬送するという話になりますが、基本的に固体としてふるまいますので、本書でお話しする範囲からは外したいと思います。

以上のことから本書では、大きさ1 mm程度の砂粒くらいから、分子と固体との境界に相当する10 nmくらいの粉体に共通して存在する原理について説明し、粉体の取り扱いに対する基本的な技術を身につけることを目的とします。

図 1-1-1 溶融シリカの透過型電子顕微鏡写真

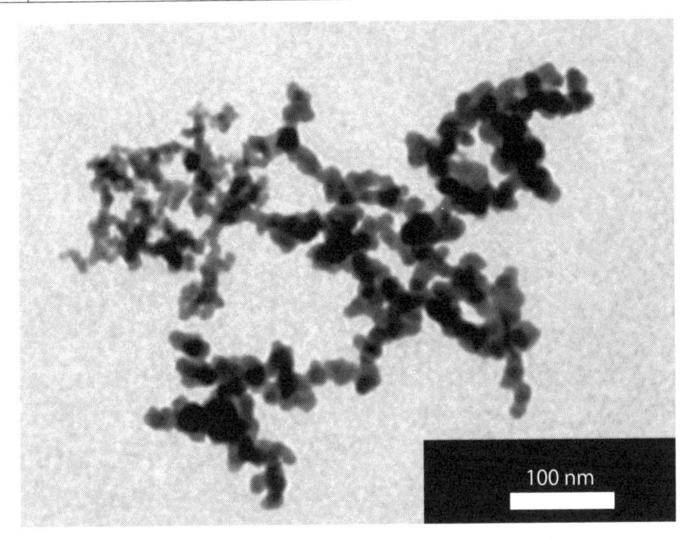

(写真提供：日本アエロジル株式会社アエロジル ®)

図 1-1-2 小麦デンプンの走査型電子顕微鏡写真

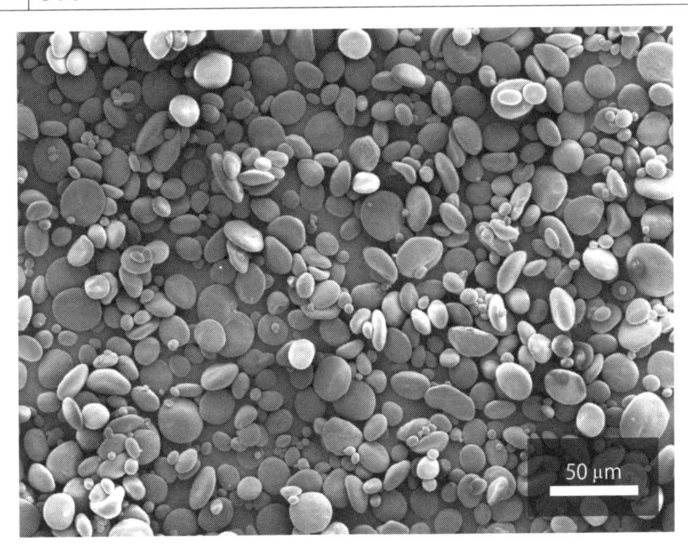

要点 ノート

本書で取り扱う粉体とは、分子と粒子の境界の10 nmくらいから、粒子と固体の境界の1 mmくらいのサイズの粒子の集合体です。

1.1.3
粒子の形

私たちが扱う粉体粒子は球形であることは少なく、むしろ不規則な形状であることがほとんどです。**図1-1-3**をご覧ください。(1) は球形ですから粒子の大きさは直径で表すことができます。(2) は少し不規則な形状ですが、粒子の大きさはだいたいこんなものだろう、という線は出せますね。ところが (3) はどうでしょうか。長径（一番長い）や短径（一番短い）は定義できそうですが、この場合、粒子の大きさとは何か、何のために粒子の大きさを決めるのかといった疑問が起きます。形状をできるだけ正確に表すために粒子の形状をフラクタル次元で表すといった試みも行われていますが、ここでは原点に帰って、なぜ粒子の大きさを測定する必要があるのかということを考えてみたいと思います。

一例として、空気中に粉が浮遊していて、どれくらいの時間で全部落ちるかを調べなければならない、といった問題を考えてみたいと思います。当然大きな粒子は早く落ち、小さな粒子はゆっくりと落ちるので、粒子の大きさの分布を評価する必要があります。粒子の大きさと沈降速度との間には一対一の関係（ストークスの法則；1.5.1項参照）が成り立ちますが、必要な情報は、沈降速度の分布であり、粒子の大きさではありません。つまり、球形であろうが、偏平状の粒子であろうが、沈降速度が同じであれば、同じ粒子径として評価したほうが好都合であるということになります。そこで、ある沈降速度に相当する球形粒子の直径として粒子の大きさを表すという定義をします。これを球相当径（equivalent spherical diameter）と呼びます。沈降速度に関するストークスの法則から導かれた球相当径を特にストークス径と呼びます。また光散乱の式から導き出された球相当径を光散乱球相当径と呼びます。ナノ粒子になるとブラウン運動といって媒体との相互作用で不規則な運動をするため、これにレーザー光を照射するとゆらぎを生じ、ストークス・アインシュタインの式によって球相当径が求められます。

また、粒子径を光学顕微鏡、電子顕微鏡、接写などにより測定する手法があり、粒子の投影図形によって粒子の形や径を求めることができます。投影図形ですから球相当径ではなく円相当径が求められます。投影図形からはいろいろ

図 1-1-3 粒子の大きさとは？

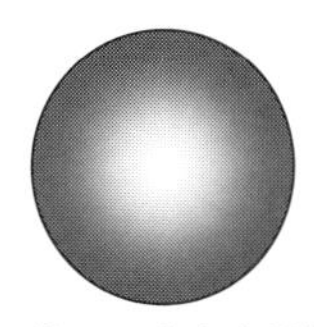

(1) 粒子の大きさは簡単に決められる

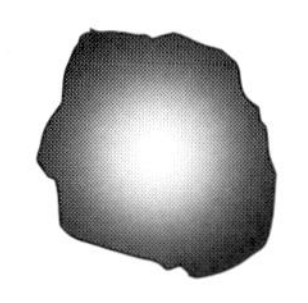

(2) 粒子の大きさはだいたい決められる

(3) 粒子の大きさは？

図 1-1-4 いろいろな代表径

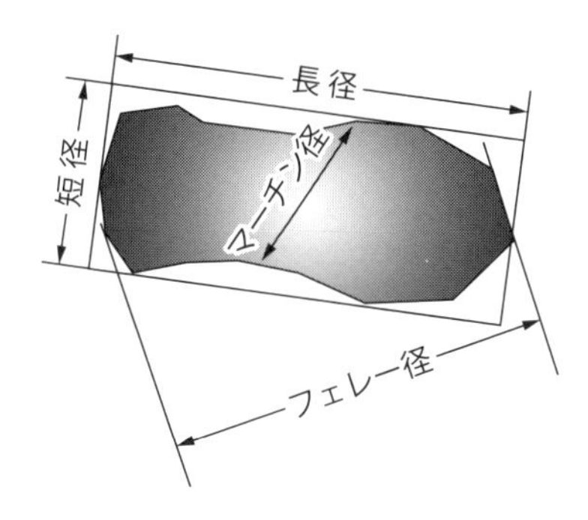

な定義の相当径が求められます。投影面積と等しい面積をもつヘイウッド(Heywood) 径、粒子の周の長さと等しい周長円相当径、細長い粒子の場合は、長径、短径、複雑な粒子形状をもつ場合は、フラクタル次元を求めるとよさそうです。さらには、投影図から分布を求める場合に、粒子をはさむある一定方向の平行線間隔を表すフェレー（Feret）径、粒子の投影面積を二等分する一定方向の弦の長さを表すマーチン（Martin）径などいくらでも定義ができます。いくらでも定義ができるということは、いくらでも自分に都合のよいまとめ方ができるともいえます（**図1-1-4**）。

顕微鏡写真で粒子径を測定するのが最も正確だと思っている人が多いのですが、上述のように粒子の大きさは、その値を何に使うかによって定義が変わる、ということを考えれば、これは大きな間違いで、顕微鏡による粒子径の測定は、あくまでも一方向からみた投影径であることを常に考え、その他の測定法と併用して総合的に判断すべきであるといえます。

要点 ノート

不規則形状をした粒子のサイズは、いろいろなサイズの定義が考えられますが、粒子径のデータを用いる目的にあった定義を採用することが必要です。

1.1.4
粒子の密度

❶粉体粒子の密度を測定する

前項において、沈降現象を取り扱うのでしたら沈降速度に対応する球相当径が重要です、とお話ししました。球相当径から沈降速度を求めるのですが、粉体粒子が液体中を沈降する速度は、粒子の密度に関係します。

したがって粉体粒子の密度を測定する必要があります。粉体の密度は一般にピクノメーター（pycnometer：比重ビン）を用いて測定します。**図1-1-5**にピクノメーターの外観を示します。測定法は以下のとおりです。

まず、十分に乾燥させたピクノメーターの質量m_0を秤量します。続いてピクノメーターに試料粉体を入れたときの質量m_1、それに媒体（水など）を追加して先端まで満たしたときの質量m_2、別途媒体のみを先端までピクノメーターに満たしたときの媒体のみの質量m_3を秤量すると、以下の式で粒子の密度ρ_pが求められます。ここでρ_mは測定時の温度での媒体の密度を表します。媒体としては水のほかに、ケロシンやキシロールが用いられます。

$$\rho_p = \frac{m_1 - m_0}{(m_3 - m_0) - (m_2 - m_1)} \times \rho_m$$

このとき、粉体を乳鉢ですりつぶしてからピクノメーターに入れると、粉体を構成している素材の密度（真密度といいます）を測定することになります。粉体の力学的な挙動を評価するためには真密度ではなく、粒子内部の空洞も含めた「粒子の密度」を求める必要があります。**図1-1-6**に粒子内部に空隙がある粒子とない粒子の比較をしています。真密度（true density）と粒子密度（particle density）の違いをご理解いただけると思います。粒子の密度を取り扱う場合には、このことに留意しておきましょう。

❷ヘリウムピクノメーター法

数μm以下の微粉体あるいは粒子形状が微細構造をもつ場合は、液体の媒体が十分に浸透しないこともありますので、高純度のヘリウムを使うヘリウムピクノメーター法があります。ピクノメーターが空の場合と試料を入れた場合とで、脱気後一定のヘリウムを供給して圧力を計測します。試料が排除した体積分だけ圧力に変化がありますので、試料の体積を求めることができます。微粉

図 1-1-5 ピクノメーター

図 1-1-6 粒子の密度とは？

(1) 粒子の密度 ＝ 真密度

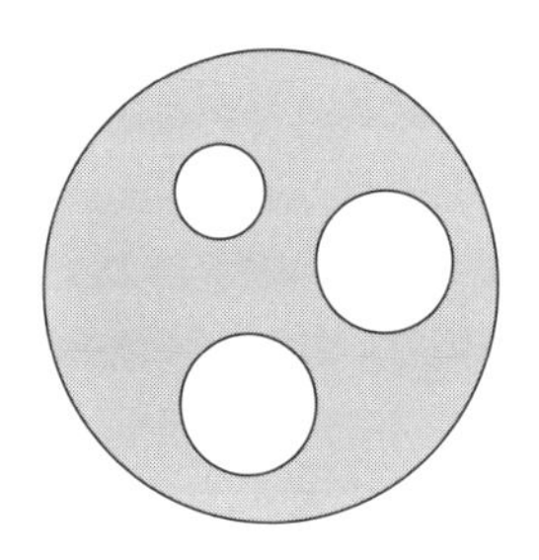

(2) 粒子の密度 ≠ 真密度

体の場合、空気を使うと試料への吸着が起こり誤差につながりますのでヘリウムを使います。ヘリウムピクノメーター法の利点は試料を非破壊で測定できる点です。

要点 ノート

粒子の真密度と粒子内部の空隙も含めた粒子密度は異なります。

1.2.1

粒子間の付着：液架橋力

❶付着力の要因

皆さんは、手に粉がくっついて困ったことや、壁や機械部品にべったりと粉が付着して困ったという経験は多かれ少なかれもっておられるのではないでしょうか。困るくらいでしたらよいのですが、分解できない配管や排出機が粉体で詰まったりしたら目も当てられません。

トラブルのない粉体取り扱いのためには、粉体特有の現象である付着力の要因を理解しておく必要があります。

粉体の取り扱いでは、液架橋力、静電気力、およびファンデアワールス力による付着力を考えておく必要があります。1.2.1～1.2.3項にわたってそれぞれの付着力について考えてみたいと思います。

❷液架橋力（liquid bridge force）

粒子の表面には塩類などの不純物が付着しており、これが空気中の水分を吸収して粒子間に**図1-2-1**のような液架橋を形成します。この液架橋は、表面張力により架橋内部が負圧になっています。この負圧は粒子と粒子をくっつけ合う作用を及ぼします。その大きさは、表面張力、液架橋の形状、粒子と粒子の隙間など多くの因子によって決まる複雑な式で表されます。比較的湿度の高い状況、あるいは粉体に水分が多く含まれている場合は、付着力の主要因となります。

❸液架橋力の大きさ

図1-2-1に示すように、直径xの2つの同じ球形粒子の間に液架橋が形成されている場合、液架橋力F_L［N］は液体の表面張力Γ［$N \cdot m^{-1}$］を用いて、

$$F_L \approx \pi \Gamma x$$

で表されます。表面張力は小学校のときに習ってはいるものの、なぜ単位が［$N \cdot m^{-1}$］になるのか理解できない方もいると思います。**図1-2-2**に示すように、液体中の水分子は周囲の分子から分子間力を受けていますが、表面の水分子は空気からはほとんど力を受けませんので、内部の水分子に比べて自由度が高くなっています。つまり表面の水分子は自由エネルギーが高い状態になっているため、表面の水分子間で引っ張り合い表面張力が発生します。したがって

図 1-2-1　2粒子間に形成される液架橋

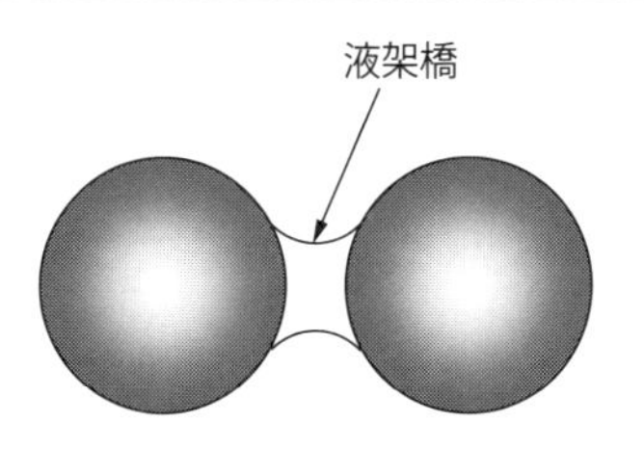

図 1-2-2　表面の水分子と内部の水分子が受ける力

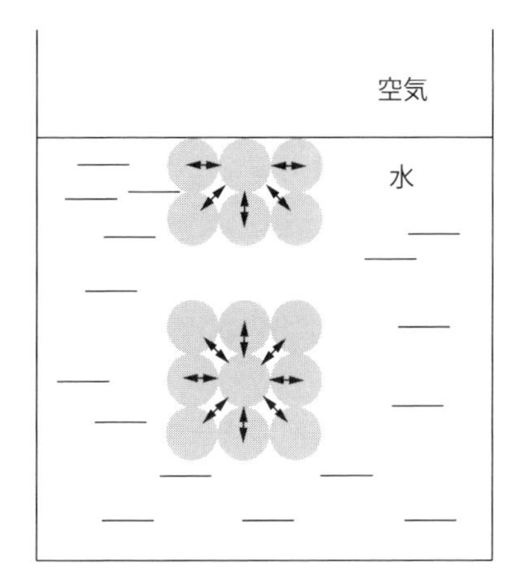

表 1-2-1　粒子径と液架橋力

粒子径 x/μm	液架橋力 F_L/N
0.1	2.3×10^{-8}
1	2.3×10^{-7}
10	2.3×10^{-6}
100	2.3×10^{-5}
1000	2.3×10^{-4}

表面張力は単位面積あたりの自由エネルギー［$J\cdot m^{-2}$］で与えられます。

上の式は大ざっぱな近似式で、実際には接触角も考慮しなければなりませんが、一般には十分実用的です。**表1-2-1**に実際の水の表面張力である $0.072\ N\cdot m^{-1}$（25℃）を用いて、粒子径と液架橋力の関係を計算してみました。

要点 ノート

粒子間の液架橋による付着力の要因は表面張力です。

1. 2. 2

粒子間の付着：静電気力

一般に、粒子の表面や内部では、十分な電子の移動ができず、粒子同士がぶつかったり、壁に衝突したりすると、粒子の表面から内部にかけて電子の蓄積が起こります。プラスチック製の下敷きを髪の毛にこすりあわせると、髪の毛が下敷きにくっつく現象と同じです。その結果、表面の過剰電荷のクーロン相互作用により付着力が生じます。その大きさは、電磁気に関するクーロンの法則（Coulomb's law）から求めることができます。

クーロンの法則とは、**図1-2-3**に示すように、2つの電荷を帯びた粒子（荷電粒子）間に働く力Fの大きさは、2つの粒子の電荷（q_1とq_2）の積に比例し、粒子間の距離rの2乗に反比例するというものです。同符号の電荷の間には斥力、異なる符号の電荷の間には引力が働きます。この力のことをクーロン力と呼んでいます。

$$F=\frac{1}{4\pi\varepsilon_0}\frac{q_1q_2}{r^2}$$

図1-2-4に示すように、粒子表面がそれぞれ正負に帯電した、直径x［m］の球形粒子が接触していて、粒子と粒子の間の隙間が粒子径xよりも十分に小さい場合、粒子の表面電荷密度をそれぞれσ_1、σ_2［C·m^{-2}］とすると、粒子間に働く静電気力（electrostatic force）に起因する付着力（adhesive force）F_{ce}［N］は近似的に次式で与えられます。

$$F_{ce}=\frac{\pi\sigma_1\sigma_2}{\varepsilon_0}x^2$$

ここで、ε_0は粒子間の媒体の誘電率［F·m^{-1}］を表します。2個の粒子の帯電が同符号の場合、付着力ではなく反発力となります。通常は粒子同士が接触・衝突・摩擦によって電荷の移動が起こるため、隣接する粒子同士は異符号となり付着力となります。

微粒子間に働く静電気力がどれくらいの値になるか計算してみましょう。**表1-2-2**に、現実的な表面電荷密度$\sigma_1=\sigma_2=26.5\ \mu\mathrm{C\cdot m^{-2}}$および真空の誘電率$\varepsilon_0=8.85\times10^{-12}\ \mathrm{F\cdot m^{-1}}$を用いて求めた静電気力の値を示します。液架橋力と違って、粒子径の2乗に比例する力であることにご留意ください。

図 1-2-3　電磁気に関するクーロンの法則

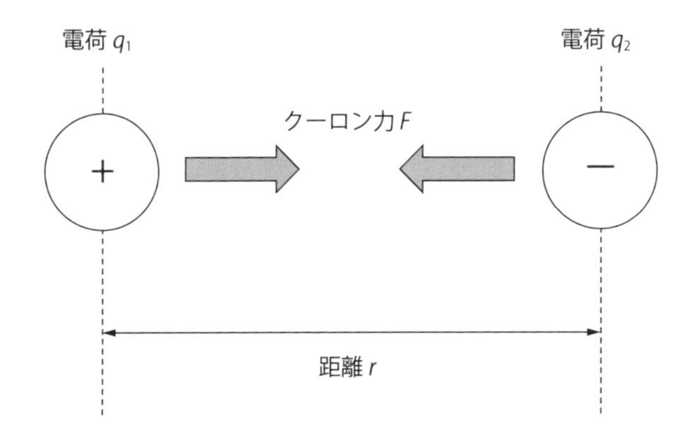

図 1-2-4　静電気による付着力

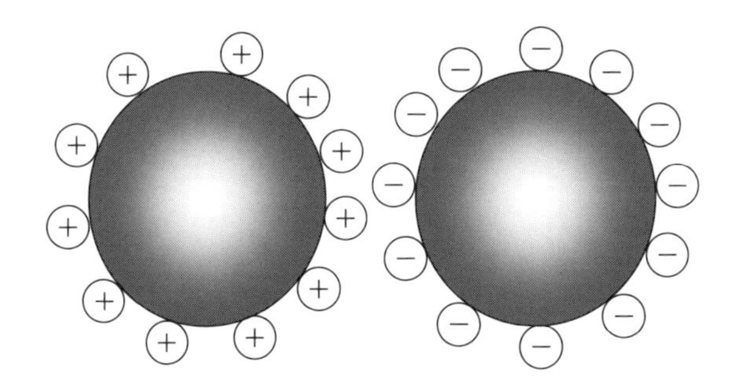

表 1-2-2　粒子径と静電気力

粒子径 x/μm	静電気力 F_{ce}/N
0.1	2.5×10^{-12}
1	2.5×10^{-10}
10	2.5×10^{-8}
100	2.5×10^{-6}
1000	2.5×10^{-4}

要点 ノート

粒子が帯電しているとクーロンの法則に基づく付着力が働きます。

1.2.3

粒子間の付着：ファンデアワールス力

ファンデアワールス力（van der Waals force）という言葉は聞きなれない方も多いのではないかと思います。ファンデアワールス力というのは、原子と原子が引き合う力です。原子は、原子核と電子から構成されていますが、現代の化学では、電子は粒子ではなく、雲のように原子核を取り巻いてゆらゆらと揺れているというイメージでとらえられています。このゆらゆらと揺れている状態は「ゆらぎ」と呼ばれ、電気的に中性な分子であっても、ある瞬間には電子分布に偏りが生じています。隣接する分子と分子の間には、この「ゆらぎ」に起因する引力が発生します（**図1-2-5**）。

さて、粉体の粒子は、分子の集まりです。粒子Aと粒子Bが隣接していると粒子Aに属している分子と粒子Bに属している分子は、ファンデアワールス力により引き合います。これをすべての構成分子について足し合わせると、その総和は引力になります。これがファンデアワールス力による付着力です（**図1-2-6**）。

厳密には、粒子を構成する原子間の引力を積分しなければなりませんが、原子間に働く力のポテンシャルは原子間距離の6乗に反比例しますので、実際には、隣接する粒子の表面間の力の総和で見積もることができます。直径x［m］の球形粒子が隣接していて、その粒子間の隙間がz［m］であるとすると、ファンデアワールス力に基づく粒子間の付着力F_v［N］は、次式で与えられます。

$$F_v = \frac{A}{24z^2}x$$

ここで、A［J］は物質に依存する定数でハマカー定数（Hamaker constant）と呼ばれます。粒子間の隙間は、一般的に0.4〜1 nmの値が代入されます。この式の特徴は、付着力は粒子径に比例し、粒子間の隙間の2乗に反比例することです。つまり、粒子を引き離すと付着力は急激に減少することを意味しています。

ファンデアワールス力による付着力がどれくらいの値になるか計算してみましょう。**表1-2-3**に、現実的なハマカー定数$A = 1 \times 10^{-19}$ Jおよび粒子間の隙間$z = 0.4$ nmとして求めた付着力の値を示します。

図 1-2-5 電子雲のゆらぎにより原子間に引力が働く

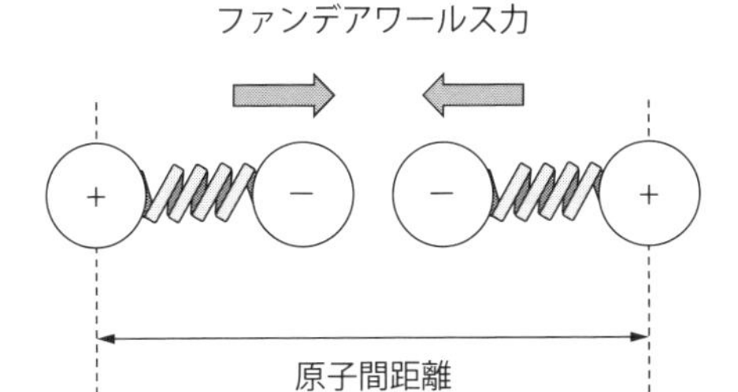

図 1-2-6 理解しにくいファンデアワールス力による粒子間付着力

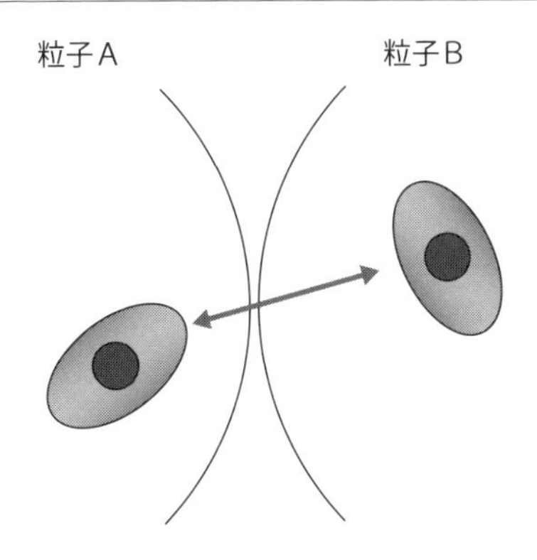

表 1-2-3 粒子径とファンデアワールス力

粒子径x/μm	ファンデアワールス力F_v/N
0.1	2.6×10^{-9}
1	2.6×10^{-8}
10	2.6×10^{-7}
100	2.6×10^{-6}
1000	2.6×10^{-5}

前述の静電気力に起因する粒子間の付着力は、粒子を除電すればなくなりますが、ファンデアワールス力による付着力は、分子の基本的な性質に基づく力ですので、なくすことはできません。

要点 ノート

分子間力は小さい力ですが、粒子を構成する分子間力を足し合わせると隣接微粒子間の付着力として働きます。

1.2.4

付着力の大小

1.2.1～1.2.3項で、3種類の付着力の要因を理解していただいたことと思います。液架橋力や静電気力はともかくとして、ファンデアワールス力のような分子と分子の間に働く微小な力が粉体粒子の付着として現れることに興味をもっていただいたことと思います。

3種類の力それぞれに簡単な仮定を置いて、力の大きさを表す式を提示しました。それぞれの式は粒子径xの関数となっています。しかも、液架橋力とファンデアワールス力は粒子径xに比例する力となっており、静電気力は粒子径の2乗に比例する力となっています。

これらの式を用いて付着力の大小関係を粒子径の関数として考えてみましょう。**図1-2-7**に、2個の球形粒子が付着している場合を考え、表1-2-1から表1-2-3で計算した結果を同じグラフ上に描いてみました。横軸は粒子径、縦軸は各種付着力をそれぞれ対数で表しています。図中、F_Lは液架橋力、F_{ce}は静電気力、およびF_vはファンデアワールス力を表します。前項までに提示したように以下の式で数値化しています。

$$F_L = \pi \Gamma x$$

$$F_{ce} = \frac{\pi \sigma_1 \sigma_2}{\varepsilon_0} x^2$$

$$F_v = \frac{A}{24z^2} x$$

上式群からわかるように、F_LおよびF_vは両対数グラフ上で、傾き1の直線を、F_{ce}は傾き2の直線となります。

比較的水分の多いときには、液架橋力が支配的になることは容易に理解できるでしょう。このとき、粉体はベトベトで、ハンドリング以前の問題となります。ハンドリングで問題となるような数10 μm以下の微粉体の場合、液架橋力は、他の付着力よりも1桁ないしそれ以上大きい値を示します。

一方、乾燥した条件ではこの液架橋力は消失しますので、乾燥した微粉体では、ファンデアワールス力と静電気力に注意すればよい、ということになります。

図 1-2-7 3種類の付着力の比較

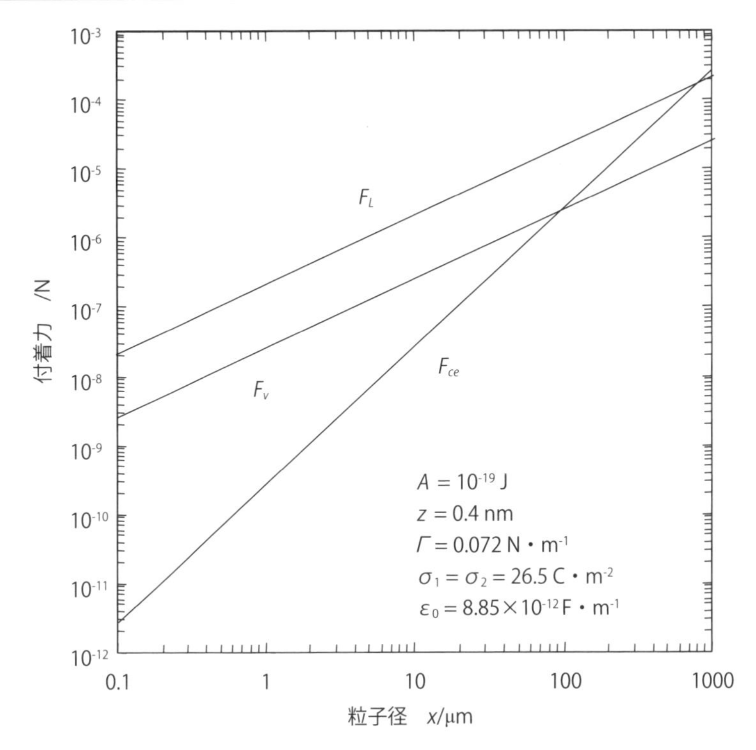

意外なのは、乾燥した条件では、静電気力よりもファンデアワールス力が大きくなることです。しかも図をよく見ると一桁以上も違っています。ここに粉体の付着対策における落とし穴があります。粉体を空気で搬送する場合、よく付着対策だといって、アースを取ることが行われていますが、実際のところ、あまり効果のないことが多いのは現場の技術者でしたら経験していることと思います。それは付着の原因がファンデアワールス力であることが多いからで、ファンデアワールス力が、帯電現象とはまったく異なる現象に基づいているからです。粒子自身を表面修飾するなどして物質の性質を変える以外に軽減する手段がないことを心得ておかなければいけません。

なお、静電気力が支配的になるのは、図よりわかるように0.1 mm以上の領域です。プラスチックの1 mmのペレット（粒状体）のハンドリングにおいて、静電気が支配的になるのはイメージできると思います。

要点 ノート

乾燥した微粉体ではファンデアワールス付着力が支配的となります。

1.2.5

粉体と粒体

ファンデアワールス力は粒子径が大きくなるにつれて強くなることになっていますが、私たちの実感では、砂粒のような粒子はそれほど付着性がなく、土ぼこりのほうがより付着しやすいといえます。この一見矛盾した現象について考えてみたいと思います。

大きな粒子は確かにファンデアワールス力が大きいのですが、それ以上に粒子自身の自重が大きく、付着力よりも自分で転がろうとする力が大きいために付着性が相対的に感じられなくなります。

このことを、粒子の大きさと付着力という観点で考えてみたいと思います。今、**図1-2-8**に示すように装置壁に球形粒子が付着している状況を考えます。この粒子には、壁からの付着力と重力が作用しています。重力が大きければ粒子は下に落ち、付着力が大きければ粒子は装置壁に付着し続けます。

付着力は乾燥した条件で考えると、ファンデアワールス力が支配的ですので、1.2.3項で示したように、粒子径に比例する力となります。一方、重力すなわち、自重F_gは次式で与えられます。

$$F_g = \frac{\pi \rho_p g}{6} x^3$$

つまり重力は粒子径xの3乗に比例しますので、各力を粒子径に対して、両対数紙上に描くと**図1-2-9**に示すように、傾きの異なる直線で表されます。両直線は粒子径x_cで交差し、x_cより大きい領域では重力が大きく、x_cより小さい領域では付着力が大きくなります。

よく粉粒体と総称されますが、粒体とは自重が支配的な粒子径のものを指し、粉体とは付着力が支配的な粒子径のものを指すと考えてよいでしょう。通常の粉体では、興味深いことに、その構成成分が異なっても、その境目は70～80 μmにあります。

小麦を挽砕して小麦粉が作られますが、パン用小麦粉はタンパク質の含有率が高く、中位径が100 μm程度なので、ハンドリングは比較的容易で閉塞を起こしにくいのです。一方、菓子用小麦粉はタンパク質の含有率が低く、20 μmくらいのデンプン粒子がバラバラに存在しているため付着性が高く、閉塞を起

図 1-2-8 装置壁に付着した粒子に働く力

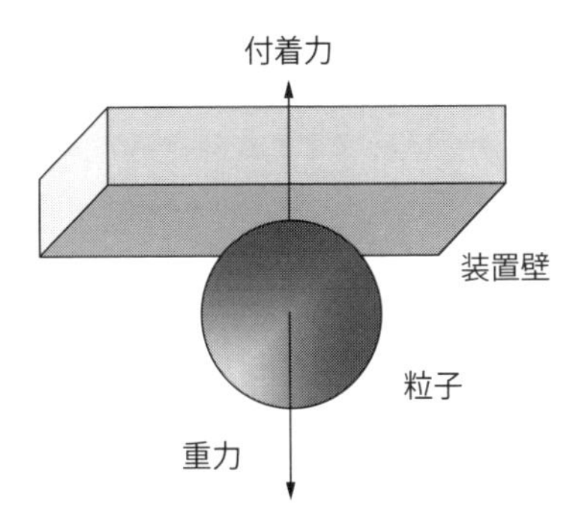

図 1-2-9 付着力と重力の大小関係（概念図）

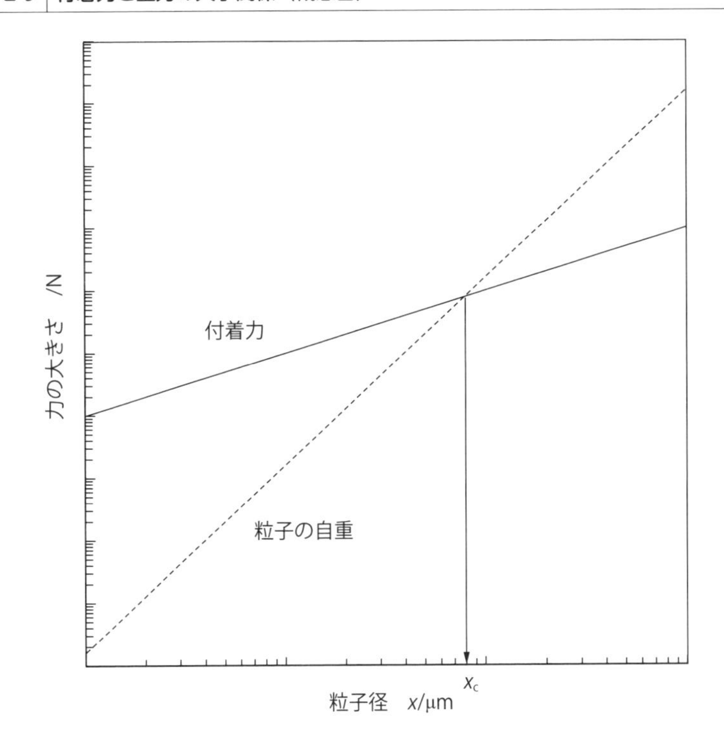

こしやすい粉体です。同じ素材でも粒子径によってハンドリング性が異なることがおわかりいただけると思います。

要点 ノート

粉体の付着性とは付着力と自重の大小関係で決まります。

1.3.1
サンプリング：円錐四分法

粉体の特徴である付着力は粒子のサイズによって大きく変わることがわかりました。実際の粉体は大きさが大小さまざまな粒子の集合体ですので、粒子径分布、つまり粒子の大きさの分布を測定する必要があります。現在では、多くの種類の高性能な粒子径分布測定装置があるので、再現性よく短時間でデータを得ることはそれほど困難ではありません。

❶サンプリングの重要性

粒子径分布測定装置に投入する試料の量は、もとの粉体の集団に比べると非常に少ないことが通常です。したがってそこにサンプリングという概念が入ってくるのですが、測定装置に導入する試料を、ある粉体の集団から、スプーンですくって用意することを考えると、スプーンの中の粉体が集団全体の分布を表しているかどうかが不安になります。実際のところ、粉体には粒子の形状、大きさ、密度の違いによって起こる偏析（segregation）という現象があり、粉体の集団の中の位置（表面付近か中心部分か）によって、大きさや密度に偏りが起きることが往々にしてあります。これらのことは、測定用試料のサンプリングがとても大切な作業である、ということを示しています。

大量の粉体の集団から、その集団の特性を代表する少量サンプルを得る作業を縮分（sample reduction）といいます。実験室レベルで測定用サンプルを得ようと考えた場合の簡便な縮分法として、円錐四分法（cone and quartering）が挙げられます。これは装置や機器を用いずに大量のもとの粉体層を手作業で分割していき、測定用サンプルを得る方法です。

❷円錐四分法のやり方

準備するのは、「漏斗（ろうと）」、「漏斗を固定するスタンド」、「粉体層を分割するスクレーパー（定規や下敷きのようなもの）」だけです。**図1-3-1**に円錐四分法の具体的な手順を写真で示しました。

(1) 図1-3-1（a）に示すように、漏斗で原料粉体を平面上に注ぎ円錐形の堆積層を作ります。このとき、四分割したアルミ箔を互いに少しずつ重なるように敷き、その上に堆積層を形成させることもあります。

(2) 円錐形になった粉体層の頂部を図1-3-1（b）に示すように、スクレーパー

図 1-3-1 円錐四分法の実際

(a) 円錐形の堆積層を作る

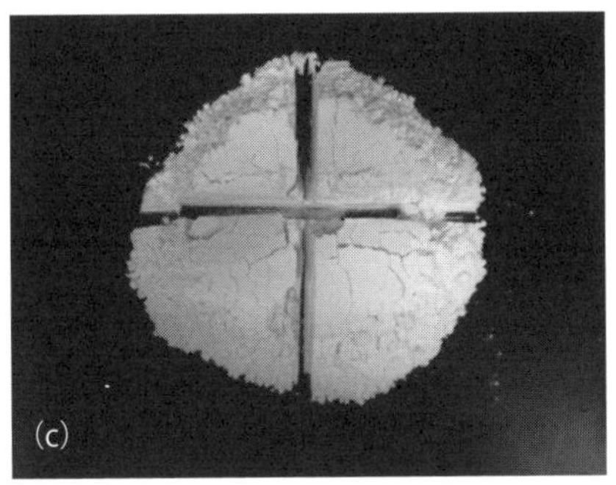

(c) 十字形に四分割する

(b) スクレーパーで平らにならす

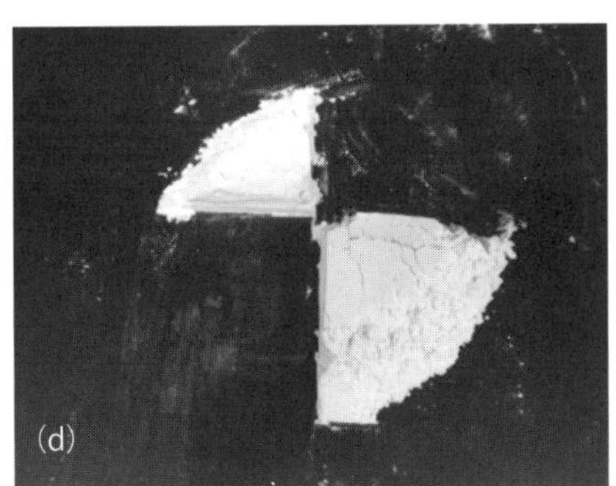

(d) 対角の2画分を試料とする

で平らにならします。

(3) 円錐台形になったところで、図1-3-1 (c) に示すように、スクレーパーを用いて十字形に四分割します。

(4) 対角の2画分を試料とし、残りの対角2画分を捨てます。このときアルミ箔を敷いていると不要の堆積層を取り除くのが簡単です。図1-3-1 (d) は、対角の画分を取り除いた状態を示します。

(5) 残った対角の画分を再びひとまとめにし、(1) の作業に戻ります。

(6) この操作を数回繰り返すことで縮分サンプルを得ることができます。

要点 ノート

粉体は、凝集、偏析、付着という特有の現象があるため、粉体の塊から少量のサンプルを得るのは困難です。基本は円錐四分法です。

1. 3. 2

粒子径分布

これまで粒子の大きさの分布は、粒度分布と呼ばれていましたが、もともと「粒度」ということばに「分布」という意味が含まれているため、「粒子径分布」ということにしましょう、ということになりました。

さて、粒子の大きさを測定する方法が決まったところで、次に考えなければならないのが、粒子径分布をどのように記述するか、という問題です。分布といえば、まず思い出されるのが正規分布でしょう。

❶正規分布とは

正規分布（normal distribution）というのは、ガウス分布（Gaussian distribution）ともいい、**図1-3-2（1）**に示すように左右対称な分布です。

横軸の物理量（独立変数）は－∞から＋∞まで分布していて、縦軸のところが平均値を表します。左右対称なので、平均値と中央値、最頻値は一致します。また、平均値の周りは上に凸の曲線で、両側は下に凸の曲線ですので、上に凸から下に凸に変わる点が両側にあります。この点を与える物理量と平均値の差を標準偏差といいます。したがって標準偏差は、横軸の物理量と同じ単位です。

正規分布は、平均値と標準偏差の2つの変数（母数といいます）で分布の形を決めることができます。平均値の大小で全体として大きいか小さいかがわかり、標準偏差の大小で、幅広い分布をもっているか平均値に分布が集まったシャープな分布かがわかります。粒子径分布もこの正規分布で表すことができればたいへん便利です。

❷なぜ粒子径分布は正規分布にならないのか？

ところが粒子径分布は、通常、正規分布になることはありません。なぜでしょうか?

正規分布は、独立変数の変域が$-\infty<x<+\infty$であるのに対して、粒子径分布は、**図1-3-2（2）**に示すように、粒子径をxとすると$0<x<+\infty$であり、通常、左右非対称な分布となるからです。とはいうものの、データを整理するのに2個の母数で分布を表すというのは便利なので、粉体工学の分野では、対数正規分布とロジン・ラムラー分布という非対称分布を表す2つの式が使われます。

図 1-3-2 正規分布と粒子径分布

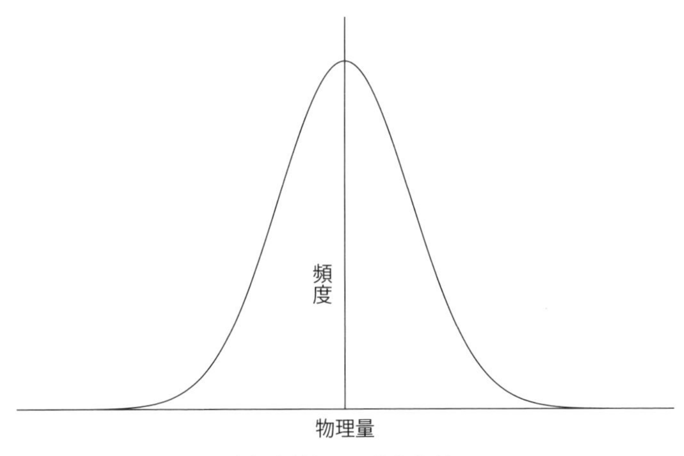

(1) 自然界は正規分布だ！

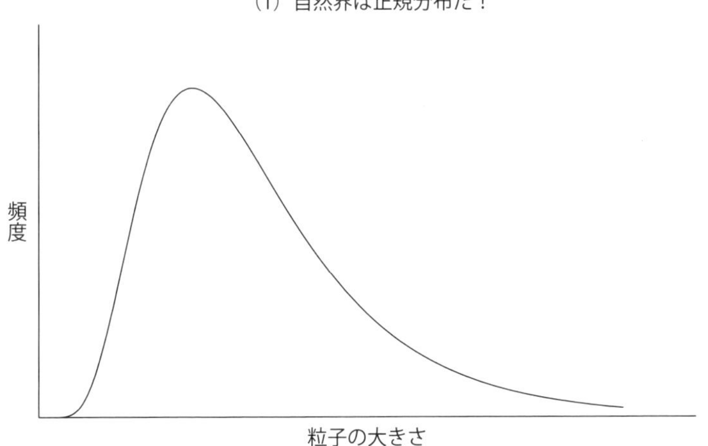

(2) 粒子径分布は正規分布にならない？

なお、左右非対称な分布では、一般に、平均値、最頻値、中央値は一致しません。粒子径分布測定では、粒子の体積あるいは質量で分布を表すことが多いため、ある粒子径より大きな画分が50 %、小さな画分が50 %という定義で中央値を表すのが便利です。粒子径分布の中央値のことを質量中位径（mass median diameter）といいます。

要点 ノート

粒子径分布は左右対称な分布形にはなりません。

1. 3. 3

粒子径分布の整理法：対数正規分布

❶対数正規分布とは

対数正規分布（log-normal distribution）というのは、R［%］を、ある粒子径よりも大きい粒子が質量基準で全体の何％あるかを表す数値であるとすると、次式で定義されます。

$$1-\frac{R}{100}=\frac{1}{\sqrt{2\pi}\log\sigma_g}\int_{-\infty}^{\log x}\exp\left\{-\frac{1}{2}\left(\frac{\log x-\log x_m}{\log\sigma_g}\right)^2\right\}d(\log x)$$

ここで　x_m：中位径（median diameter）

　　　　σ_g：幾何標準偏差（geometric standard deviation）

随分と難しそうな式ですが、この式がどういう意味をもっているかを考えてみたいと思います。まず、

$$\frac{\log x-\log x_m}{\log\sigma_g}=t$$

と置くと、最初の式は

$$1-\frac{R}{100}=\frac{1}{\sqrt{2\pi}}\int_{-\infty}^{t}\exp\left(-\frac{t^2}{2}\right)dt$$

となります。上式は正規分布の式です。大ざっぱにいうと正規分布の式で、xを$\log x$に置き換えたのが対数正規分布ということができます。

❷対数正規確率紙の使い方

対数正規分布に従うかどうかを調べるには、**図1-3-3**に示すような対数確率紙を使います。手順は以下のとおりです。

①粒子径分布のデータから各粒子径より大きな画分の質量％を求めます。これを篩（ふるい）で篩（ふる）ったときに篩の上に残る割合ということで篩上％（ふるいうえパーセント）と呼んだりします。ここでは**表1-3-1**のような結果が得られたとします。

②表1-3-1のデータを図1-3-3の対数確率紙にプロットします。このケースですと直線関係になっていることがわかり、回帰直線を引きます。

③篩上R［%］の50％の目盛りから水平線を引き、②の回帰直線との交点を求め、さらにこの交点から垂直下方に直線を引き、粒子径軸との交点を求めま

表 1-3-1　粒子径分布のデータ例

粒子径/μm	積算篩上%
2	86
4	58
10	24
24	5

図 1-3-3　対数正規確率紙の使い方

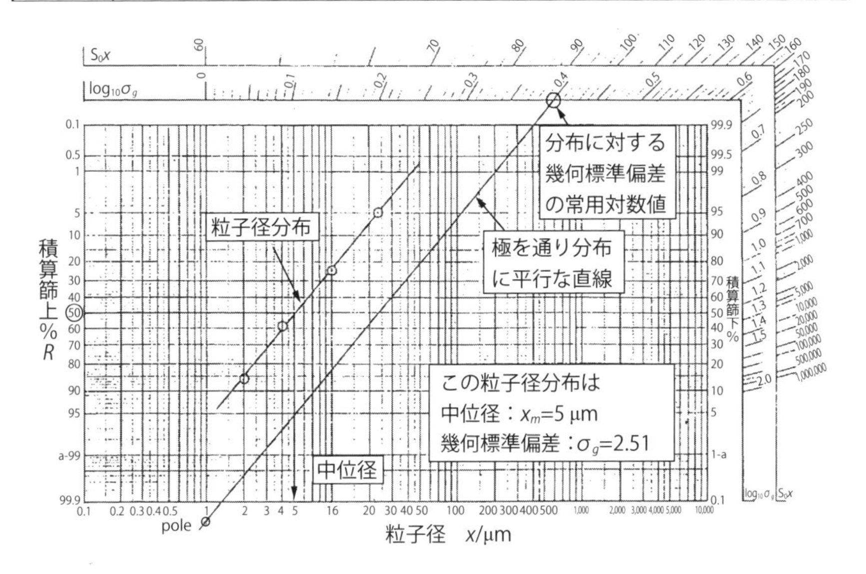

す。これが中位径を与えます。

④対数確率紙の左下方に極（pole）があり、この極を通り、粒子径分布の回帰直線に平行な直線を引きます。

⑤グラフの欄外には、幾何標準偏差の常用対数値$\log_{10}\sigma_g$の軸があり、極を通る直線との交点を読み取ります。

⑥この事例では、中位径$x_{50}=5$ μm、幾何標準偏差$\sigma_g=2.51$となりました。

σ_gは標準偏差と同じ性質で、値が小さいほど均一な分布に近いことを意味します。対数確率紙は、一般社団法人日本粉体工業技術協会で入手できます。

要点 ノート

左右非対称な分布を記述するために対数正規分布があります。

1.3.4

粒子径分布の整理法：ロジン・ラムラー分布

ロジン・ラムラー分布（Rosin-Rammler distribution）は、材料力学の分野で固体の破壊強度の分布の表現によく使われるワイブル分布（Weibull distribution）を粒子径分布に応用したものであり、次式で定義されます。

$$\frac{R}{100}=\exp(-bx^n)$$

ここで、b、nが分布を表すパラメーター（母数）です。この式は、データを直線回帰式で整理することができるという特長をもっています。上式の対数を2回取ると次式が得られます。

$$\ln\left(-\ln\frac{R}{100}\right)=n\ln x+\ln b$$

母数nは分布の広がりを表し、bは全体的な大きさを表します。

この式は、もともと材料の強度を表現するのに適した式ですので、機械的に粉砕した粉体の粒子径分布をうまく表すことができます。

この式は、対数正規分布と違って簡単な指数関数ですので、卓上計算機やパソコンの表計算ソフトなどで母数を求めることができます。

この式に対しても市販の確率紙が用意されています。log（$-\log R/100$）を縦軸に、$\log x$を横軸に取ったのがロジン・ラムラー（Rosin-Rammler）線図（一般社団法人日本粉体工業技術協会で入手可）です。**図1-3-4**に実際のプロット例を示します。

①粒子径分布のデータから各粒子径より大きな画分の質量%を求めます。ここでは**表1-3-2**のような結果が得られたとします。

②表1-3-2のデータを図1-3-4のロジン・ラムラー線図にプロットします。このケースですと直線関係になっていることがわかり、回帰直線を引きます。

③篩上%Rの50%の目盛りから水平線を引き、②の回帰直線との交点を求め、さらにこの交点から垂直下方に直線を引き、粒子径軸との交点を求めます。これが中位径x_mを与えます。bについては、常用対数、自然対数で値が異なり紛らわしいので、中位径x_mのほうを使うのが通例です。

④ロジン・ラムラー線図の左下方に極（pole）があり、この極を通り、粒子径

表 1-3-2　粒子径分布のデータ例

粒子径/μm	積算篩上%
2	74
4	58
10	25
20	7

図 1-3-4　ロジン・ラムラー線図の使い方

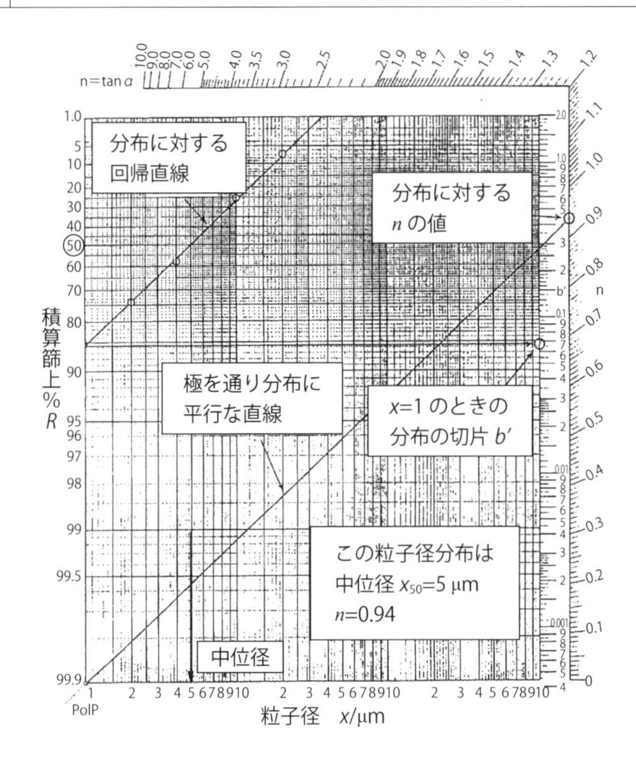

分布の回帰直線に平行な直線を引きます。

⑤グラフの欄外には、指数nの軸があり、極を通る直線との交点を読み取ります。ここでは、中位径$x_{50}=5$ μm、指数$n=0.94$となりました。

要点 ノート

左右非対称な分布を表す式として、ロジン・ラムラー分布があります。

1.3.5
比表面積：BET法

粒子の大きさを表すために、いろいろな物理量の球相当径が役に立つことを先に述べました。これは、粒子の大きさを何のために用いるかによって適切な物理量を選ぶべきであるという主張です。

粒子の表面が関わる現象について考察するときには、単位質量あたりの粒子の表面積という物理量で粒子の大きさ、あるいは粒子径分布を表すことが便利です。

いま、Nを単位質量あたりの球形粒子数と考え、ρ_pを粒子密度、xを粒子の直径とすれば、

$$\frac{\pi}{6}x^3N\rho_p=1$$

が成り立ちます。単位質量あたりの粒子の表面積、すなわち比表面積Sは、

$$S=N\pi x^2$$

ですから、最初の式のNを上式に代入して、

$$S=\frac{6}{x\rho_p}$$

となります。この考え方は、粒子径分布があっても同様に適用でき、実用的には、前述の対数正規確率紙を用いて作図的に求められます。通常、粒子径分布は、平均値と標準偏差という2つの母数で記述しなければなりませんが、この比表面積は、1変数で粒子径分布を表すことができるので、データをプロットする際に役立ちます。この手法で求められた比表面積は、例えば、充塡層に流体を流すときの充塡層の表面積を表すのに便利です。

一方、粉体を減圧下で窒素を吸着させ、吸着量と窒素の分子断面積から比表面積を求める方法があります。これは、粒子内部の空隙内にも窒素は吸着されるため、通常かなり大きな値となります。この方法は、単分子層吸着説であるラングミュア（Langmuir）理論をブルナウアー（Brunauer）、エメット（Emmett）、テラー（Teller）が多分子層に拡張した理論であるためBET法と呼ばれます。分子は積み重なって無限に吸着し得るものとし、吸着層間に相互作用がなく、各層に対してラングミュア式が成立すると仮定しています。

図 1-3-5　細孔への窒素分子の単分子層吸着

BET式は次式で表されます。左辺対P/P_0の関係をプロット（BETプロット）して、直線関係があればその直線の勾配と切片の和の逆数から単分子吸着量W_mが得られます。通常$0.05<P/P_0<0.35$の範囲で適用可能です。

$$\frac{1}{W\{(P_0/P)-1\}}=\frac{C-1}{W_mC}\cdot\frac{P}{P_0}+\frac{1}{W_mC}$$

P　：吸着平衡にある吸着質の気体の圧力

P_0　：吸着温度における吸着質の飽和蒸気圧

W　：吸着平衡圧Pにおける吸着量

W_m：単分子層吸着量

C　：固体表面と吸着質との相互作用の大きさに関する定数（BET定数といいます）

$$C=K\cdot\exp\{(E_1-E_2)/RT\}$$

E_1　：第一層の吸着熱

E_2　：吸着質の測定温度における液化熱

さらに、吸着ガスとして窒素を用いる場合、Cが十分大きいことがわかっています。$C\gg1$のとき、BET式は

$$\frac{1}{W\{(P_0/P)-1\}}=\frac{1}{W_m}\cdot\frac{P}{P_0}$$

と簡略化されます。つまり、P/P_0と上式左辺の関係をプロットすると原点を通る直線となり、直線の傾きの逆数が単分子吸着量を表し、窒素の分子断面積から表面積を求めることができます（**図1-3-5**）。この方法は、データを1点取れば表面積がわかるということでBET一点法と呼ばれています。

要点 ノート

単位質量あたりの表面積は比表面積と呼ばれ、分子断面積がわかっている窒素を吸着させることで比表面積を求めることができます。

1.4.1

粉体の濡れ性

粉体と水のような液体がなじむかどうかは、いろいろな場面で問題となります。このような粉体の性質は粉体の濡れ性（wettability）と呼ばれます。正確にいうと、粉体粒子表面の固体と気体（空気）の界面が消えて、新たに固体と液体の界面が生ずる現象が起こりやすいかどうかという性質です。簡単な評価法として、**図1-4-1**に示すように、粉体を構成している素材の平板を用意して、対象とする液体をその上に滴下し、接触角を求めるという方法があります。接触角が、$0° \leqq \theta \leqq 90°$であれば、その粉体は液体に濡れやすく、$90° < \theta$であれば、逆に濡れにくいということがいえます。

粉体の濡れ性は、粉体を液体中に分散させる場合、粉体を液体に溶解させる場合、粉体と液体を混練する場合などに重要な指標となります。たとえば、医薬品の錠剤の設計では、錠剤が溶ける過程の第一段階は、錠剤が液体（この場合唾液）に濡れる必要があります。また、難燃性プラスチックや導電性プラスチックといった機能性プラスチックを設計する場合、母体となるプラスチックに、粉体や繊維を練り込むことがよく行われますが、溶融したプラスチックに対する粉体や繊維の濡れ性が悪いと均一に混練することができません。このような場合は、粉体や繊維の表面をステアリン酸や種々のカップリング剤で修飾することにより濡れ性を改善する、といったことが行われます。

粉体の濡れ性を評価する場合、同じ素材の平板を用意することが困難な場合が多いため、それに代わるいくつかの評価法があります。粉体を圧縮成形して平板を作り、その上に液滴を落として接触角を測定するという方法は直感的にイメージしやすいのですが、粉体の粒子径分布や成形体の充填性に強く依存することが問題点として挙げられます。

そこで細いガラス管に粉体を充填し、液体を吸い上げてその濡れ界面の浸透距離を計測し、毛細管圧力（capillary pressure）p_cに換算します（**図1-4-2**）。このとき、毛細管圧力p_cと接触角θとの間には次のような関係式が成り立ちます。

$$p_c = \frac{2\Gamma cos\theta}{R}$$

図 1-4-1 接触角の定義

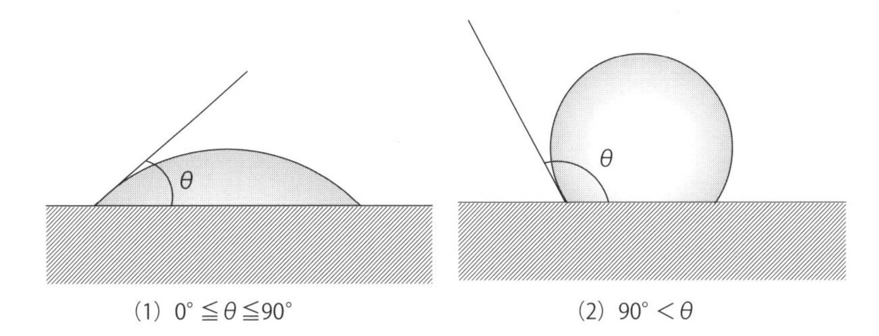

図 1-4-2 毛細管法

(写真提供：協和界面科学株式会社)

ここで、Γは液体の表面張力、Rは粉体の充塡層の充塡構造を表す毛細管半径で、ランダム充塡構造の場合、次式で与えられます。

$$R=\frac{3\varepsilon}{(1-\varepsilon)S_0}$$

ここで、S_0は比表面積（単位体積あたりの表面積）、εは空間率（充塡層の内部の空隙の割合）を表します。

要点 ノート

粉体が液体となじむかどうかは粉体の濡れ性と呼ばれ、毛細管法で評価できます。

1.4.2
粉体の凝集と分散

❶凝集と分散

粉体粒子は粒子間にファンデアワールス力に起因する付着力が働くため、互いに集まろうとします。いくつかの粉体粒子が互いに集まることを凝集（coagulation）と呼びます。凝集した粒子群はみかけのサイズが大きくなるため、みかけの付着力よりも自重のほうが大きくなり、流動性がよくなります。また、空気や水の中での沈降速度が高くなりますので、沈降を利用する操作では有利になります。一方、一個の粒子のままで存在していないと都合の悪い操作では、どうやって凝集を防ぐかといったことが課題となります。凝集している粒子群をバラバラにすることを分散操作といいます。液体（水）の中の粒子群と空気中の粒子群では、相互作用のメカニズムが異なりますので、それぞれに適切な分散操作が必要とされます。

❷液体中の粉体

液体の中の粒子群は、表面の電荷によって凝集したり、分散したりします。**図1-4-3**に示すように粒子が負に帯電して、粒子の周囲に陽イオンが存在していると粒子同士は反発して分散条件となります。実際的には、水素イオン指数（pH）を変えることによって、凝集・分散を制御することができます。一般論として、pHを7に調整すると粒子表面（正確にいうと電気二重層）に電荷がなくなりますので、凝集しやすくなります。水処理で、水中の粒子群を除去するのに、高分子凝集剤を添加したり中性条件にしたりして凝集させ、見かけの沈降速度を高くすることにより分離時間を短縮することが行われます。

❸気体中の粉体

空気中の粒子群は、ファンデアワールス付着力という避けがたい付着力が存在しますので、粒子同士を強制的に分離するために、高速気流により発生する渦流や圧縮空気の力で凝集粒子群をバラバラにすることが行われます。

イジェクター（ejector）という真空発生器を用いて、清浄空気を吹き込むことにより、凝集粒子を含んだ気流を吸い込み剪断力を発生させて分散を図ります。**図1-4-4**に、イジェクターの概略図を示します。第一流体として空気などの高圧気体をノズルからディフューザーに噴出させ、噴流により生じる負圧

図 1-4-3 液相中の粒子の凝集と分散

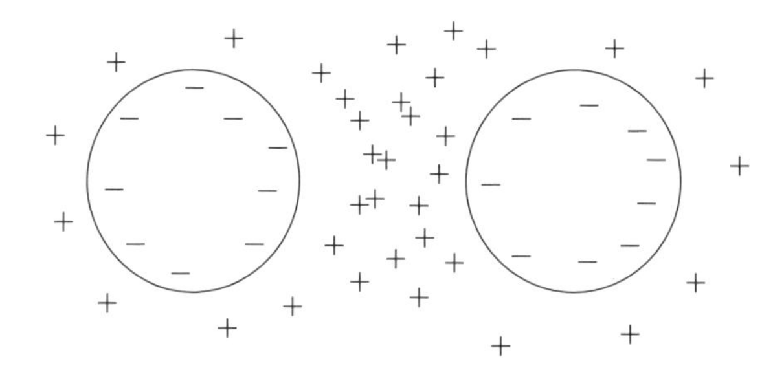

図 1-4-4 イジェクターを用いた凝集粒子の分散

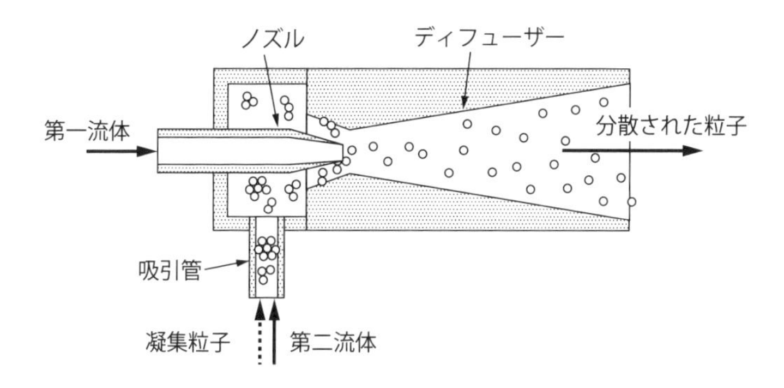

を利用して、吸引管から凝集粉体を含んだ第二流体を吸引し、第一流体と混合・昇圧して、排出させます。第二流体と第一流体が混合するときの加減速や剪断による強い分散力で凝集体は分散されます。第一流体としてエアコンプレッサーにより加圧した空気を用い、ノズル部を臨界圧以上にすると、一次粒子が1 μm前後の微小粒子から構成される凝集体も分散できるという報告もあります。

要点 ノート

気体中の微粒子は付着力により、凝集する傾向にあり、強い剪断力により分散させることができます。液体中の微粒子は、液体のpHを調整することで分散させることができます。

1.4.3
粉体の充塡性

粉体が水と異なるのは、容器に入れたときに入れ方によって体積が変わることです。容器に入っている粉体の質量を体積で割った値を嵩密度といい、これは粒子1個の密度より小さくなります。容器に粉体を入れて振動を与えると嵩密度は少しずつ大きくなっていきます。その結果、粉体は密充塡状態となり、流れにくくなったり、崩すのに大きな力が必要になったりします。したがって、どの程度密充塡状態になっているかを知る必要があります。

充塡された粉体の質量をM [kg]、嵩体積をV [m^3]、粒子の密度をρ_p [kg·m^{-3}]、嵩密度をρ_b [kg·m^{-3}] とすると次のような関係が成り立ちます。

$$\rho_b = M/V = \rho_p(1-\varepsilon)$$

ここで、εは粉体充塡層中の空気の占める割合を表し、空間率あるいは空隙率（くうげきりつ）と呼ばれ、充塡の程度を表します。均一径球形粒子を規則的に充塡する場合、立方配列で$\varepsilon = 0.476$、最も密に詰まる菱面体配列で$\varepsilon = 0.259$となりますが、実際の粉体では、たとえ粒子径がそろっていても規則充塡になることは少なく、付着力が問題となるような微粒子ではεはより大きな値となります。実際の粉体操作では、静かに荷重をかけて充塡する場合とトントンと容器を叩きながら充塡する（タッピング充塡という）場合とでは、空間率の変化の仕方は変わります。

タッピング充塡の場合を考えてみたいと思います。十分に多くの回数、タッピングすると粉体層の空間率は一定の値に近づいていきます。充塡されている粒子と粒子の間には付着力や摩擦力が働くため、粒子径が小さくなるにつれて、付着力や摩擦力の影響で密に詰まりにくくなっていきます。

以上のように粉体の充塡状態は、充塡方法、粒子間の付着力および摩擦力、粒子径分布の総合的な特性の結果であるということができ、粉体の流れやすさの尺度と考えることもできます。

❶粉体層の圧縮

現実問題としては、容器に粉体を入れ、上から荷重をかけることで密に充塡するという操作があります。医薬品やセラミックス原料の成形などでみられます。容器に粉体を充塡し、上から圧力Pで圧縮することを考えてみます。Pと

図1-4-5 川北の式でデータを整理する

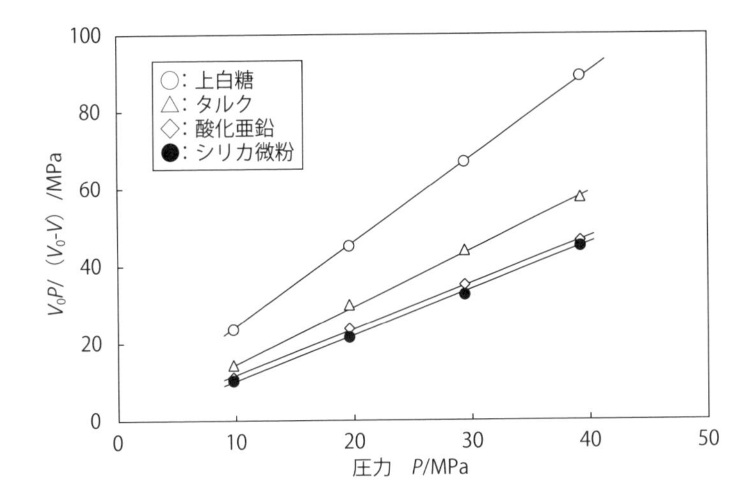

Vの関係ですので、低圧で高温の気体でしたら理想気体の状態方程式が成り立ちますが、粉体の場合はそう簡単ではなく、粉体の性質や粒子径分布、容器の形状、内面の摩擦係数などいろいろと関係してきます。そこで実験的にPとVの関係を求めることが行われます。これまで多くの関係式が提案されていますが、ここでは一番有名な川北の式をご紹介します。

$$\frac{V_0-V}{V_0}=\frac{abP}{1+bP}$$

ここで、V_0は粉体充填層の$P=0$のときの体積、aおよびbは充填する粉体によって決まる特性値です。上式を変形すると、

$$\frac{V_0P}{V_0-V}=\frac{1}{ab}+\frac{P}{a}$$

したがって、実際の圧縮データについて、圧力Pと上式左辺の関係をプロットしてみます。**図1-4-5**のように広い圧力範囲で川北の式が成り立っていることがわかります。

要点 ノート

粉体は、粒子間に空気や水といった媒体が存在します。嵩密度は、粉体粒子に媒体を加えた体積基準の密度を表します。

1.4.4

粉体の充填層を通過する流体

図1-4-6（1）に示すような充填層は固定層（fixed bed）とも呼ばれ、気体や液体を透過させて、ガス吸収、触媒反応、気体や液体からの微粒子の分離などに幅広く用いられます。このような操作では、気体や液体の流速と充填層前後の圧力損失の関係が重要です。

❶レイノルズ数

充填層内の粒子と流体の摩擦による圧力損失を考えるには、流れの状態を定量化しておく必要があります。このようなとき、便利なのがレイノルズ数（Reynolds number）です。流体の運動方程式をたてるとナビエ・ストークス（Navier-Stokes）の式が得られます。この式を無次元化すると抽出されるのがレイノルズ数です。レイノルズ数R_eは

$$R_e = \frac{du\rho}{\mu}$$

で与えられます。ここで、dは代表長さ［m］、uは流体の速度［$m \cdot s^{-1}$］、ρは流体の密度［$kg \cdot m^{-3}$］、μは流体の粘度［Pa・s］を表します。代表長さとして、充填層の粒子径を採用した場合は、粒子レイノルズ数R_{ep}といいます。レイノルズ数は粘性抵抗に対する慣性力の比と考えることができ、大きな値になるほど流れに乱れが起こる傾向にあります。

❷ダルシーの式

フランスの技術者ダルシー（Darcy）は、断面積A［m^2］、厚さL［m］の粒子充填層を粘度μ［Pa・s］の流体が流量Q［$m^3 \cdot s^{-1}$］で通過するときの、平均流速u［$m \cdot s^{-1}$］と圧力損失Δp［Pa］の関係を次式で表しました（**図1-4-6（2）**）。

$$u = \frac{Q}{A} = \frac{K\Delta p}{\mu L}$$

Kは透過率［m^2］と呼ばれ、充填層の特性によって決まる定数です。

❸ハーゲン・ポアズイユの式

ドイツの技術者ハーゲン（Hagen）とフランスの医師ポアズイユ（Poiseuille）は、内径d［m］の円管内の透過流動（図1-4-6（1））について考

図 1-4-6　充塡層を通過する流体のモデル化

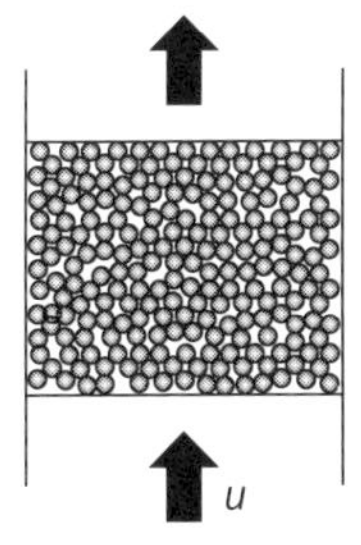

(1) 実際の粒子充塡層

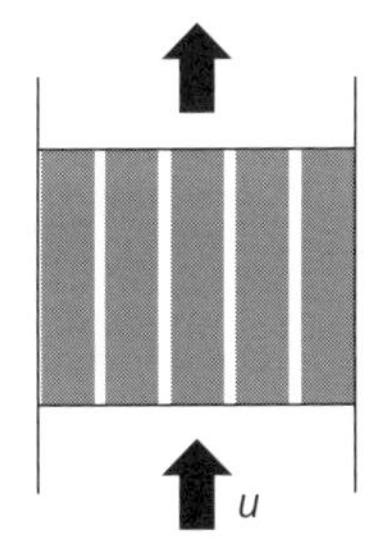

(2) ダルシーのモデル

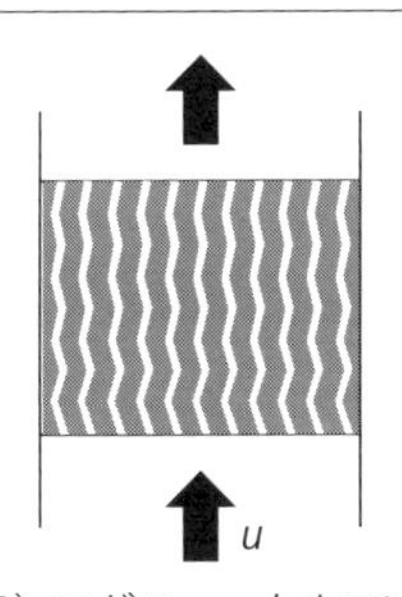

(3) コゼニー・カルマンのモデル

察し、それぞれ独立に、ダルシーの式のKが$d^2/32$となることを導きました。

❹コゼニー・カルマンの式

オーストリアの技術者コゼニー（Kozeny）によって提案され、後に南アフリカの技術者カルマン（Carman）によって改良された式で、粒子充塡層の空隙を均一な形状の折れ曲がった流路の集合体と考え、次のようなコゼニー・カルマンの式を導きました（**図1-4-6（3）**）。コゼニー・カルマンの式は、層流条件（$R_{ep}<1$）でしか適用できません。

$$u=\frac{1}{k}\frac{\varepsilon^3}{S_v^2(1-\varepsilon)^2}\cdot\frac{\Delta p}{\mu L}$$

ここでεは粒子充塡層の空間率［－］、S_vは充塡層を形成する粒子の体積基準の比表面積［$m^2 \cdot m^{-3}$］、kは粒子の形状と空間率に依存するコゼニー定数と呼ばれるもので、近似的には2.5を用いるのが一般的です。

❺エルガンの式

層流から乱流までの広い範囲（$0.33<R_{ep}<333$）で使用できる式として、エルガン（Ergun）の式があります。

$$\frac{\Delta p}{L}=\frac{150(1-\varepsilon)^2\mu u}{\varepsilon^3 x_s^{\ 2}}+\frac{1.75(1-\varepsilon)\rho u^2}{\varepsilon^3 x_s}$$

ここで、ρ［$kg \cdot m^{-3}$］は流体の密度、x_sは粒子の比表面積径［m］を表します。上式の右辺第1項は層流部分を、第2項は乱流部分を表します。この式の中で係数150および1.75は実験的に求められた数値です。

要点 ノート

粉体層を流体が通過するときの圧力損失は、層流条件でコゼニー・カルマンの式、乱流条件でエルガンの式を適用することができます。

1. 4. 5
粉塵爆発

❶粉塵爆発の危険性

小麦粉や米粉など穀物粉体は、堆積している状態で火気を近づけても簡単には着火しません。ところが大量に粉塵として舞い上がると爆発性が現れます。米国の製粉会社では、小麦粉による粉塵爆発（dust explosion）対策が重要課題として位置づけられているほどです。また、炭鉱において、石炭の粉塵（炭塵といいます）が堆積して、くすぶっているところに堆積層が崩壊するなどして炭塵が舞い上がり、新しい酸素と接触することで爆発するという事故が起こっています。

2015年、台湾新北市の八仙水上楽園（プール）で起きた粉塵爆発事故では、会場で着色したコーンスターチが何らかの着火源（タバコと推定されています）により爆発を起こし、15名の人命が失われました。

炭塵はともかくとして一見爆発しそうにない穀物粉体が危険なのですから、どのような条件で起こるのかを理解しておかなければなりません。

❷粉塵爆発が起きる条件

粉塵爆発が起きる条件として、着火源と粉塵濃度が挙げられます。第一の条件の着火源としては、タバコの火は当然として、工事中の火花や乾燥した時期に発生する静電気も留意しなければなりません。米国の穀物サイロで粉塵爆発事故が多いのは、その乾燥した気候によると考えられています。

第二の条件の粉塵濃度についてわかっているのは、ある濃度以上になると爆発性が現れるのですが、非常に濃度が高くなると爆発しなくなることです。これは粉塵濃度が高くなると粉塵粒子が連鎖的に燃焼するのに必要な酸素が足りなくなるということで説明されています。つまり粉塵爆発を起こす濃度には範囲があるということです。この濃度範囲は粉塵の種類によって異なります。

❸粉塵爆発試験装置

取り扱う粉塵がどれくらいの濃度で爆発性があるかを調べる粉塵爆発試験装置があります。**図1-4-7**にその装置の概略を示します。測定装置のガラス円筒の下部に試料粉体を置き、下から圧縮空気を用いて吹き上げます。円筒中央には放電電極があり、火花が発生するようになっていて、粉塵が爆発範囲にある

図 1-4-7 粉塵爆発試験装置の概略図

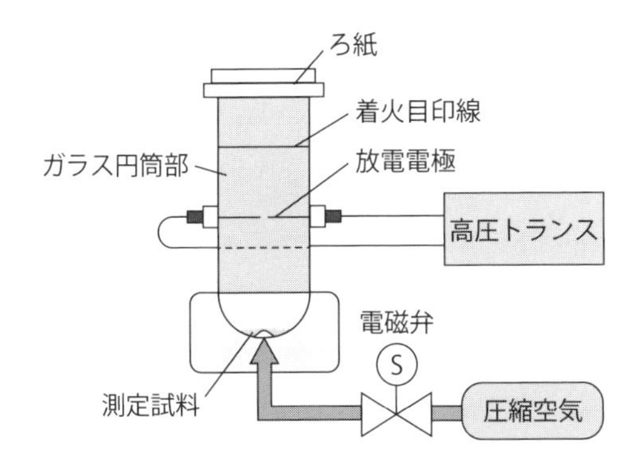

図 1-4-8 試験の状況

試験粉塵に爆発性があると、着火により、急激な発熱や空気膨張で火炎と爆発音を生じます

（写真提供：株式会社セイシン企業）

と爆発を起こします。**図1-4-8**に試験の状況を示します。試験粉塵が爆発性条件にあると、着火により、急激な発熱や空気膨張で火炎と爆発音を生じます。このままでは危険なので、円筒状部は円筒濾紙を固定し、爆風を逃すようになっています。実際のサイロや集塵装置でも、爆発時の圧力を逃すための圧力放散口（ラプチャーディスク：rupture disc）が設けられています。

企業の安全教育などで、この試験装置のデモンストレーションを行うと、着火時の火柱と大音響で皆さん驚かれます。安全意識の向上間違いなしです。

いずれにしても可燃性の粉体を扱う現場では火気厳禁であることをお忘れなく。

要点 ノート

素材が可燃性のものであれば、条件がそろうと粉塵爆発を起こします。

1.4.6
偏析

粉体は小さな粒子の集合体で、しかも粒子径に分布があることが通常の状態です。場合によっては、複数の異なる物質粒子の集団であることもあります。そのような集団では、振動や衝撃などの外力により、大きな粒子と小さな粒子、あるいは大きな密度の粒子と小さな密度の粒子の移動速度が異なるため、だんだん分離していき、大きな粒子だけの層と小さな粒子だけの層に分かれることがあります。また、角張った粒子と球形粒子といった粒子形状の異なる混合物の場合にも、振動により移動速度が異なるため両者は分かれる傾向にあります。

以上のような現象を偏析（segregation）と呼んでいます。均一に充填したり、定量供給したりする場合には弊害となります。

粉体操作では、フィーダーで定量的に切り出した粉体をシュートと呼ばれる樋状の流路を使って貯槽などに投入することが行われますが、この場合、取り扱われる粉体に粒子径分布があると粗大な粒子は慣性力があり、遠くまで移動しますが、微細な粒子は慣性力がなく、比較的シュートの下部に落下します。その結果、堆積層は粒子径の大きなものと小さなものが分離した不均一な構造になってしまいます。

図1-4-9に大小2種類の粒子からなる粉体をフィーダーで供給している状況を示します。大粒子は安息角が低く、慣性力で周囲に転がっていくのに対して、小粒子は落下点にとどまって安息角を形成する傾向にあります。

また、粉体を入れた容器をタッピングすると、側壁の影響で粉体の流れが起こり、大粒子が層上部に小粒子が層底部に分離します。わかりやすい例として、ゴマ塩のビンの内部の状態を考えてみましょう。ゴマの粒子径と食塩の粒子径はかなり異なりますので、ビンを振っているうちに、ゴマが上層に食塩が下層に分離してしまいます（**図1-4-10①**）。これはおいしいゴマ塩をいただくという観点からは弊害です。ゴマは2 mm程度の粒子ですが、食塩はもっと微細な粒子ですし、密度も異なります。

こういった偏析を防止するには、まず、造粒することが考えられます。方法としては、噴霧乾燥法や流動層造粒法が挙げられます。噴霧乾燥法というのは

図 1-4-9 均質に供給しているつもりが偏ってしまう例

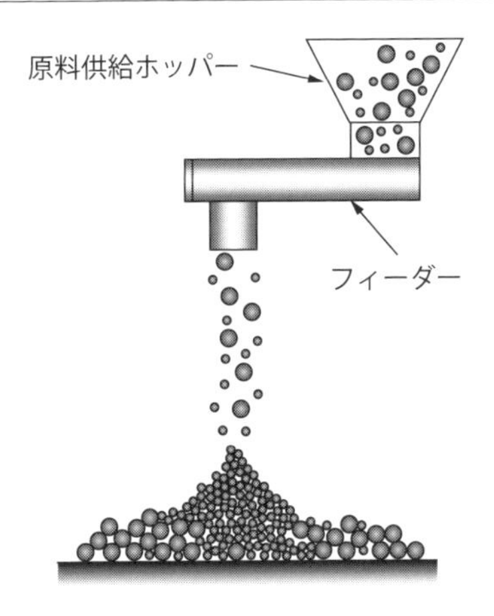

図 1-4-10 ゴマ塩で起こる偏析とその対策

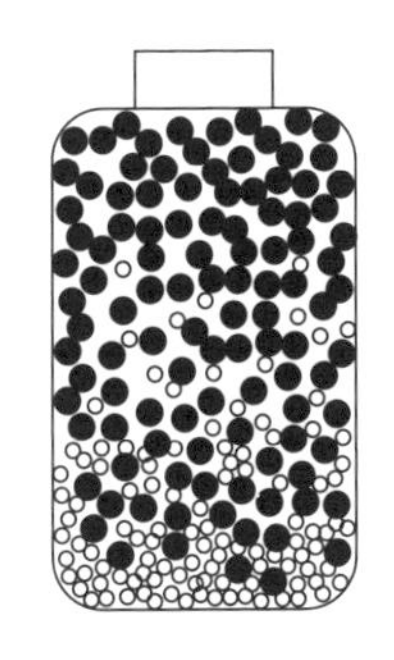
①ゴマ塩の偏析

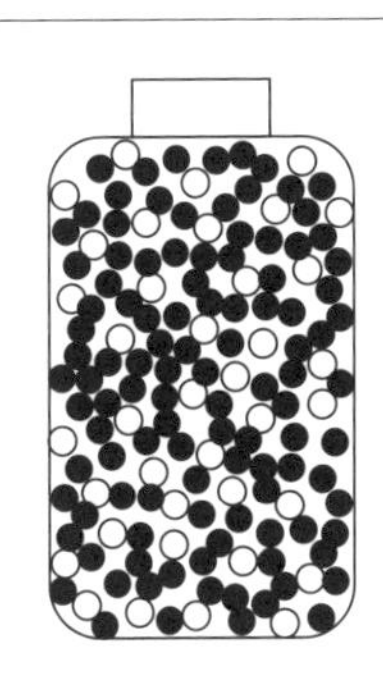
②食塩を造粒することで均質化

スプレーノズルを用いて粉体と溶媒（通常は水）を一緒に噴霧して落下中に乾燥・造粒して下部で回収する方法です。流動層造粒法は、熱風などを送り込んで粉体を流動層の状態にして、上部から液体を噴霧して流動化した粉体粒子の表面に付着させることで造粒を行う方法です。流動化用の熱風は造粒物を乾燥させる役割も果たします。ゴマ塩の例でいうと食塩を噴霧乾燥により適切な粒子径まで造粒することでゴマと食塩の分離しないゴマ塩を得ることができます（図1-4-10②）。

要点 ノート

粉体は粒子径、粒子形状、粒子密度が均一ではないため、偏析を起こします。

5 粉体の流れやすさ

1.5.1

粒子の運動

1.1.3項では、粉体粒子の沈降を扱う現象を調べるのであれば、粉体粒子の形状に関わらず、測定された沈降速度に対応する球形粒子として評価をすると便利であるというお話をしました。

そこで**図1-5-1**に示すように液体中を沈降している粒子の運動方程式を考えてみたいと思います。まず粒子に働く力は、重力と浮力、それから液体から受ける抵抗があります。重力は球形粒子の体積に粒子の密度と重力加速度をかけた値、浮力は、球形粒子の体積に水の密度と重力加速度をかけた値です。もう一つの液体から受ける抵抗は、粉体粒子のようにミクロンのスケールでは、流体力学からストークスの法則（Stokes' law）といって、沈降速度に比例する抵抗を受けることが知られています。

粒子の運動方程式は、

［粒子の質量］・［加速度］=［重力］－［浮力］－［流体抵抗力］

ですから、次式が成り立ちます。

$$\rho_p \frac{\pi x^3}{6}\frac{dv}{dt}=\rho_p g\frac{\pi x^3}{6}-\rho_f g\frac{\pi x^3}{6}-3\pi\mu v x$$

ここで、ρ_pは粒子の密度、ρ_fは液体の密度、μは液体の粘度、gは重力加速度を表します。液体から受ける抵抗に速度の項が入っていますので、整理すると次のような1階の線形微分方程式になります。

$$\frac{dv}{dt}=\frac{(\rho_p-\rho_f)g}{\rho_p}-\frac{18\,\mu v}{\rho_p x^2}$$

上式は、容易に解析解が得られて、

$$v=\frac{(\rho_p-\rho_f)gx^2}{18\,\mu}=\left\{1-\exp\left(-\frac{18\,\mu}{\rho_p x^2}t\right)\right\}$$

となります。ところが、指数関数中の指数の絶対値は比較的大きな値となりますので、指数項はすぐにゼロに収束してしまい、結局、粒子径xの沈降速度vは、

$$v=\frac{(\rho_p-\rho_f)gx^2}{18\,\mu}$$

図 1-5-1　液体中を沈降する粒子が受ける力

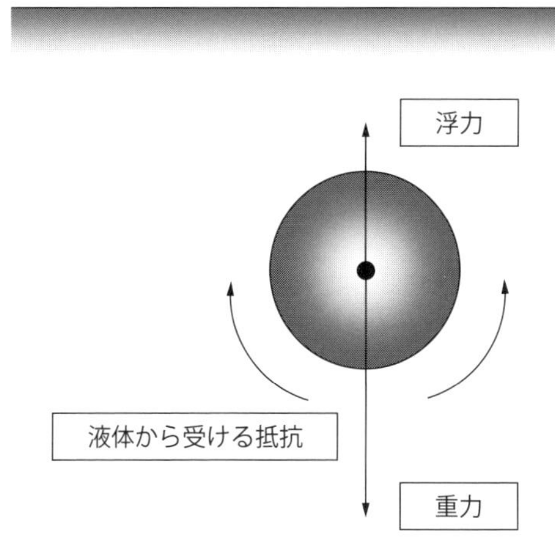

で与えられます。

以上の考察から、ミクロンサイズの粒子は、液体中では、沈降開始から事実上一定速度で沈降することがわかります。また上式より、粒子径が2倍になれば、沈降速度は4倍になることもわかります。沈降速度で粒子径や粒子径分布を測定する場合の基本原理となっており、粉体技術ではとても大切な式です。

また上式で与えられる速度を、解析解の指数項が収束したという意味で、終末沈降速度（terminal sedimentation velocity）といいます。

なお、ミリメートルサイズの粗大粒子は、粘性抵抗を記述する式がストークスの法則とは異なりますので、上式が適用できません。

また気相中で、1ミクロン以下の微小粒子あるいは、気体の圧力が十分に小さい場合は、気体分子が粒子に衝突する数が少なくなりますので、ストークスの法則からずれてきます。このような条件で粒子の移動を考える場合は、ストークスの法則に補正係数をかけて取り扱うことが行われます。この補正係数はカニンガムの補正係数（Cunningham correction factor）と呼ばれ、エアロゾルのような微小粒子を取り扱う場合、および低圧下での粒子の移動を取り扱う場合に必要になります。

要点 ノート

空気や水の中のミクロン単位の微粒子は、沈降開始から一定速度で沈降します。

1.5.2
試験用標準粉体

粒子径分布や物性を規定した標準粉体があると、粉体機器の性能評価、あるいは粒子径分布測定装置の評価に便利です。日本工業規格（JIS）では、試験用ダストとして、JIS Z8901が規定されています。一般社団法人日本粉体工業技術協会（APPIE）では、この規定に準拠して、「試験用粉体1」および「試験用粉体2」が製造・販売されています（**表1-5-1**および**表1-5-2**）。これらは中位径が2 μmから200 μm程度まで、粒子径状も球形から不規則形状まで各種用意されているので、目的に応じて選択できます。実際の応用事例としては、換気用エアフィルターの性能試験、自動車用部品の耐摩耗試験、液体濾過試験などに活用されています。また、JISには規定されていませんが、日本粉体工業技術協会独自の規格の粉体も用意されています（**表1-5-3**）。

詳細は日本粉体工業技術協会のウェブサイトをご参照ください。

（http://appie.or.jp/）

表 1-5-1　日本粉体工業技術協会で頒布している試験用粉体 1 の一覧

呼称	名称	中位径/μm	粒子密度/g·cm^{-3}	備考
1種	けい砂	185～200	2.6～2.7	海岸の砂
2種	けい砂	27～31		
3種	けい砂	6.6～8.6		
4種	タルク	7.2～9.2	2.7～2.9	粘土鉱物
9種	タルク	4.0～5.0		
5種	フライアッシュ	13～17	2.0～2.3	石炭灰
10種	フライアッシュ	4.8～5.7		
6種*	普通ポルトランドセメント	24～28	3.1～3.2	
7種	関東ローム	27～31	2.9～3.1	関東ローム層の土
8種	関東ローム	6.6～8.6		
11種	関東ローム	1.6～2.3		
12種	カーボンブラック	－	－	燃焼煤
15種*	混合ダスト	－	－	
16種	重質炭酸カルシウム	3.6～4.6	2.7～2.8	
17種	重質炭酸カルシウム	1.9～2.4		

*日本粉体工業技術協会では取り扱っていない

表 1-5-2 日本粉体工業技術協会で頒布している試験用粉体 2 の一覧

呼称	名称	公称中位径 /μm	粒子密度 /g·cm^{-3}	適用例
GBL30	ガラスビーズ	30	2.1～2.5	・微粒子計数器の校正 ・流動性試験 ・フィルターの濾過度試験
GBL40		41		
GBL60		59		
GBL100		100		
GBM20		22	4.0～4.2	
GBM30		30		
GBM40		41		
No.1	白色溶融アルミナ	2	3.9～4.0	・粒子径測定器の校正 ・機器類の磨耗、耐久試験 ・粒子径による特性試験
No.2		4		
No.3		8		
No.4		14		
No.5		30		
No.6		57		

表 1-5-3 APPIE 試験用粉体の一覧

名称	公称中位径 /μm	粒子密度 /g·cm^{-3}	適用例
石松子	35	1.05	・流動性試験・拡散試験 ・粉塵爆発性試験
石英ダスト	44～56	2.45	・シートベルト試験
混合3種	―	―	・集塵装置の試験 ・機器類の耐久試験
ACダスト		2.62	・エアクリーナーの集塵試験 ・機器類の磨耗試験 ・米国SAE規格J726C
Fine	6.6～8.6		
Coarse	27～31		
砂塵			・電気・電子製品、部品の防塵、耐塵試験用
タルク粉末	75以下	2.8～3.0	
石英細粉塵	75以下	2.6～2.8	
石英粗粉塵	150以下	2.6～2.8	
石英砂	850以下	2.6～2.8	

要点 ノート

さまざまな粉体に関わる試験を行うため、JISやそれに準じた規格で標準粉体が決められていて、一般社団法人日本粉体工業技術協会から販売されています。

1.5.3
安息角

平面の上に粉体を注ぐと、**図1-5-2**に示すように、円錐状の堆積物ができます。図中θを安息角（angle of repose）と呼びます。流動性のよい粉体では、安息角が小さくなり、その逆では、θが大きくなることを、私たちは経験的に知っています。一般論として、付着性の高い粉体の場合、また、摩擦係数の大きい粉体の場合に安息角が大きくなります。

安息角は、粉体の流動性の簡易的な指標として利用されますが、図1-5-2のように平面の上に形成される堆積物と、**図1-5-3**のような回転する円筒容器内に形成される安息角とで値が異なることに留意しなければなりません。図1-5-2の場合では、ゆっくり注ぐ場合と連続的に注いでいる動的な状態では値が異なります。図1-5-3の場合では、回転速度によって安息角は変わってきます。

安息角を流動性の指標とする際には、粉体が扱われる装置の形状、動的か静的か、といった条件を見極めましょう。つまり安息角は、なんでもかんでも平面上に体積させたときの傾斜角で評価するのではなく、実際の装置の形状や操作条件に近い形で測定することが必要です。

また、装置設計の立場でいうと、容器に粉体を注いでいくと、安息角の形成により、容器の容積いっぱいに粉体を充填することができなくなります。円錐は、円柱の3分の1の体積であることに留意してください（**図1-5-4**）。高さを自由に設定できる屋外の場合は問題にならないかもしれませんが、高さに制約のある屋内設備ではよく考慮しておく必要があります。

またサイロや貯槽の底部には、ホッパーといって傾斜のついた円錐状の部品が取り付けられていますが、ホッパーの傾斜角は安息角以上にしておかないと、排出できない粉体がたまることになりいろいろな弊害が生じます（**図1-5-5**）。この場合も、ホッパーの形状（円錐状か角錐状か）、排出速度はどれくらいか、といった条件を考慮して安息角を測定しなければなりません。筆者の経験則で恐縮ですが、ホッパーの傾斜角は55°以上にしておくと比較的安全でした。

図 1-5-2 平板上に形成される安息角

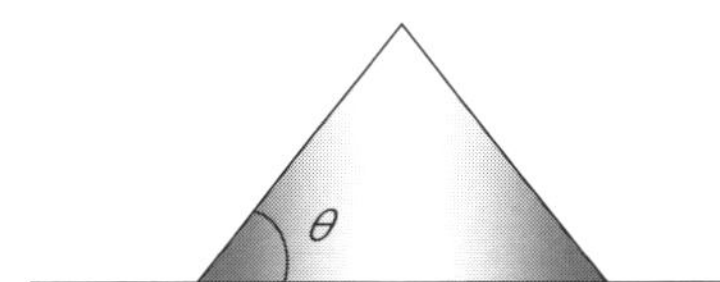

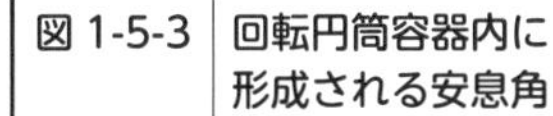

図 1-5-3 回転円筒容器内に形成される安息角

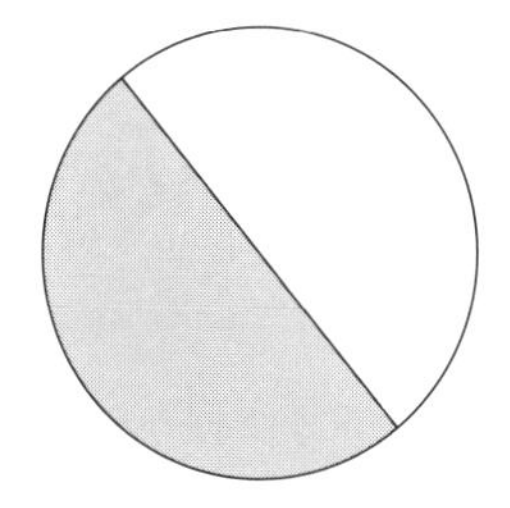

図 1-5-4 安息角により容器いっぱいに充填できない

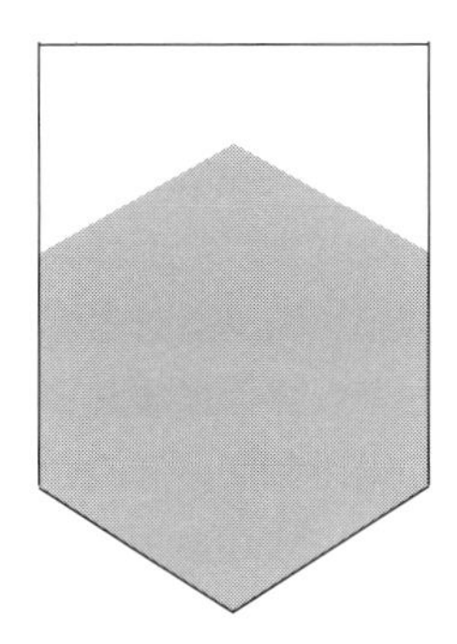

図 1-5-5 ホッパー設計の失敗例

要点 ノート

粉体層を堆積させたときの表面の傾斜角を安息角と呼び、流動性や付着性の基本的な特性の一つとして活用されています。

1. 5. 4

ヤンセンの式

容器の中に水を入れた場合、容器の底には深さに比例した圧力がかかっています。深さが10 mごとに1気圧の圧力が底面にかかっています。したがって、容器の底に排出口を設けると水がたくさん入っているほど勢いよく流出します。これは誰でも知っていることです。同じことを粉体でやってみたらどういうことになるのでしょうか（**図1-5-6**）。

容器に粉体を入れていくと底面にかかる力はだんだんと飽和していき、最終的には深さに関係なく一定値になります。これは、粉体と容器壁面との間に摩擦力が働き、重力と摩擦力がバランスすることから起こる現象です。この現象は粉体を取り扱う操作のいろいろな場面に現れます。

①サイロの底面には大きな力が発生しない。このため排出には相応の工夫が必要である。

②粉体を圧縮して錠剤を製造する際、粉を入れる容器の底には高い圧力が発生しないため、錠剤強度を得ることができない。

③砂時計は常に一定の落下量である。

上述の現象を、**図1-5-7**に示すように、サイロに充填された粉体層内部に発生する力のバランスから考えてみたいと思います。粉体層内の深さhの位置での微小要素dhの力のバランスを求めます。働く力は、上面からの粉体圧、下面からの粉体圧、粉体に働く重力、および壁面で発生する摩擦力です。これに基づいて力のバランス式を求めると、

$$\frac{\pi}{4}D^2P+\frac{\pi}{4}D^2\rho_b g dh=\frac{\pi}{4}D^2(P+dP)+\pi D\mu KPdh$$

ここでKは垂直圧Pに対する水平圧の比を表します。壁面摩擦は、摩擦力が垂直力に比例するというクーロンの摩擦法則（Coulomb's law of friction）を用いて、右辺第2項のように表されます。μは摩擦係数です。この式を整理すると、微分方程式が得られ、簡単に積分できて次式が得られます。

$$P=\frac{\rho_b g D}{4\mu K}\left\{1-exp\left(-\frac{4\mu Kh}{D}\right)\right\}$$

図 1-5-6　水と粉体の充填特性の違い

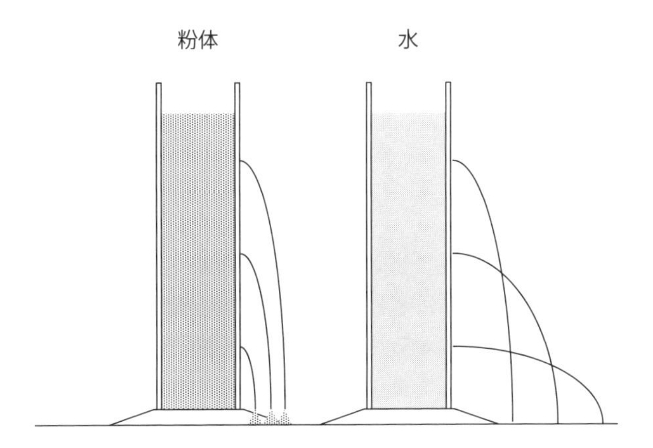

図 1-5-7　サイロに充填された粉体層内部に発生する力のバランス

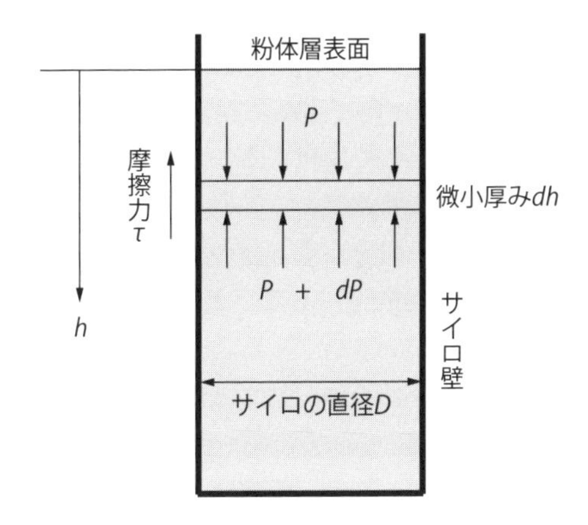

この式は粉体層表面$h=0$で$P=0$、$h \to \infty$で$P=\rho_b gD/(4\mu K)$となることを表しています。つまり十分に深さがあると垂直圧Pはhによらない一定値を示すことを意味しています。この式をヤンセン（Janssen）の式と呼び、サイロの設計などで内壁にかかる圧力を推定するのに用いられています。

要点 ノート

大型のサイロに粉体を充填すると底面には大きな圧力が発生せず、排出困難の一因となります。

1.5.5
閉塞

図1-5-8は円筒形の貯槽（タンク、サイロ）に粉体を入れて、底部から排出している状況を表します。非付着性で流動性のよい粉体の場合、貯槽内の粉体全体が流動状態となって底部から連続的に排出されていきます。このような全体的に粉体が流動状態になって排出されている流れをマスフロー（mass flow）と呼んでいます。

ところが付着性があり、流動性の悪い粉体ですと、貯槽壁付近では粉体と壁との摩擦で流れにくくなり、**図1-5-9**のように排出口上方の部分だけ穴が開いたように排出され、排出すべき粉体が貯槽内部に残ってしまう事態が起こります。このような状態をファネルフロー（funnel flow）と呼んでおり、中心部分の穴をラットホール（rat-holing）と呼んだりします。このまま操業を続けると、固定化された粉体層は変質して固化するなどしますので、そうなる前にこの状態を改善しなければなりません。

また、排出口付近で粉体粒子同士がくさびのように邪魔し合って流れなくなる状態を、ブリッジング（bridging）あるいはアーチング（arching）といった呼び方をします。

より広い意味で、貯槽や配管に粉体が詰まって排出できなくなったり流れなくなったりする現象を閉塞（blockage, choking）と呼んでいます。

そこで現場の作業者としては、この円錐部分を叩くことが行われます。しかしながら、粉体の難しさは叩けば叩くほど詰まってしまうところにあります。ちょうどカンナの刃が叩く方向によって、ゆるんだり、しまったりすることと同じです。このとき、粉体粒子は互いに押し合いへし合いして全体として橋をかけたように固まってしまいます。これが上述のブリッジングあるいはアーチングの状態です（**図1-5-10**）。

貯蔵下部の円錐部分には、エアノッカー（air knocker）やバイブレーター（vibrator）が取り付けられていることがありますが、これらの装置はほぼ空になった円錐部分の粉体残留物を払い出すためのものであることが多いので、閉塞が起こった場合の対策として、作業させるのは気をつけたほうがよいと思います。

図 1-5-8 マスフロー

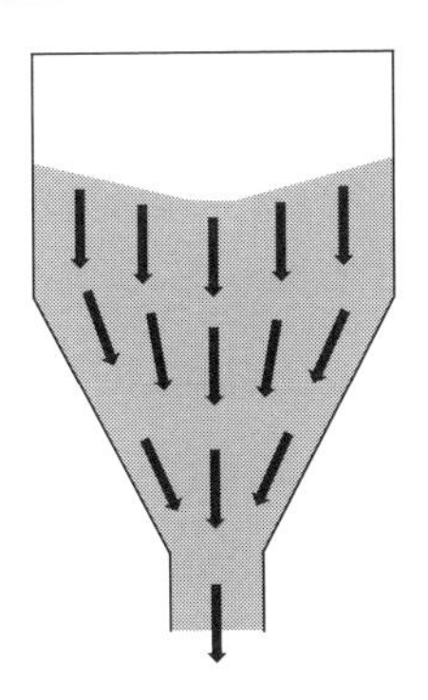

図 1-5-9 ファネルフローの結果形成されたラットホール

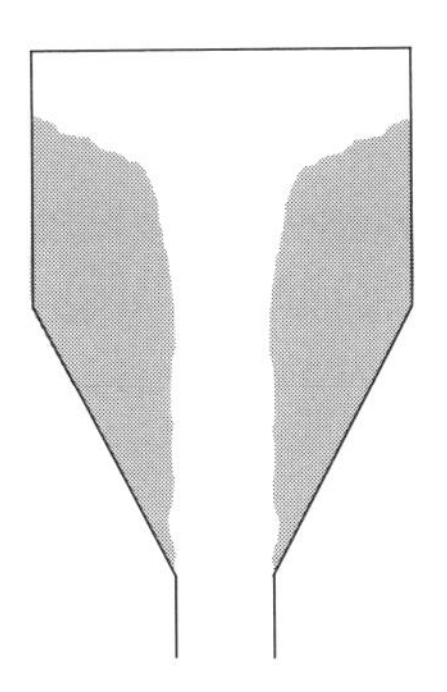

図 1-5-10 ブリッジングの形成

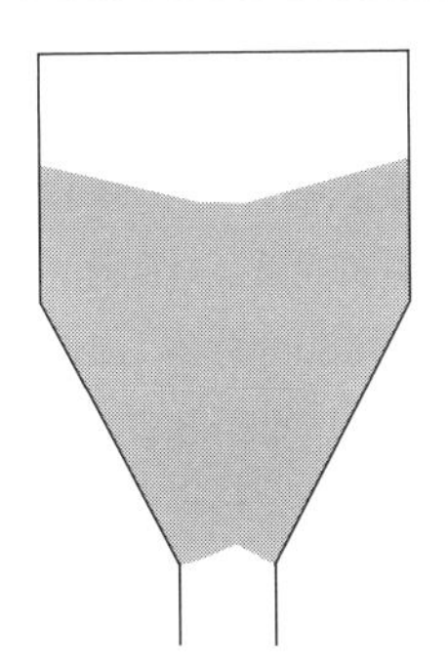

要点 ノート

付着性粉体をサイロに充填すると下部出口付近でブリッジングにより閉塞します。このとき、ホッパーを叩いても振動を与えても改善されないことがあります。

1.5.6
容器からの排出

❶ホッパーの設置

粉体を容器に貯蔵しておき、下部から排出する場合、容器下部形状が平坦であると排出残さが生じてしまうため、通常、下部を円錐形にして、排出残さを解消します。この円錐形の構造物をホッパー（hopper）と呼んでいます（**図1-5-11**）。ホッパーは、円錐形だけでなく、角錐形のものもあります。一般に、角錐形ホッパーは円錐形ホッパーよりも製造コストが抑えられます。円錐の勾配は、大ざっぱにいうと、安息角以上にしておきます。しかしながら、角錐形ホッパーの場合は、側面の勾配と斜辺の勾配とは異なりますので、留意が必要です。斜辺の勾配のほうが緩いので、斜辺の勾配を安息角以上にしておくほうが閉塞防止という観点から安全です。

❷ホッパーの設計

それでは角度を大きくすればよいかというと、実際問題として、高さに制限があるような場合、たとえば室内に貯槽を設置するような場合は、貯槽の容量を確保するため、角度は大きくできないことがあります。その場合、閉塞現象により排出できなくなることがあります。

そこでいろいろと工夫するわけですが、まずは、排出口径を大きくする、あるいは、ホッパー内面にフッ素樹脂コーティングを施して摩擦係数を小さくするといった方法が考えられます。続いて、偏心ホッパーです。角錐型のホッパーを考えて、一面をほぼ垂直に設計すると、そこは常に安息角以上ですので、閉塞しにくくなります。

❸効果的な排出対策

より積極的に、叩いて詰まりを解決しようとする方法も考えられます。往々にして、ホッパーの側面に空気の力で叩くような装置（エアノッカー）や振動を与えるような装置（バイブレーター）を設置しようと考えがちです。しかしながら、閉塞のところで述べたように叩けば叩くほど余計に詰まる、ということが起こる可能性がありますので、設置する位置はよく考えなければなりません。このような外部からの力を与える装置は、ある程度空になったホッパーの内壁に残留している粉体を落とすという目的に特化したほうが無難です。近年

図1-5-11 粉体容器下部の形状

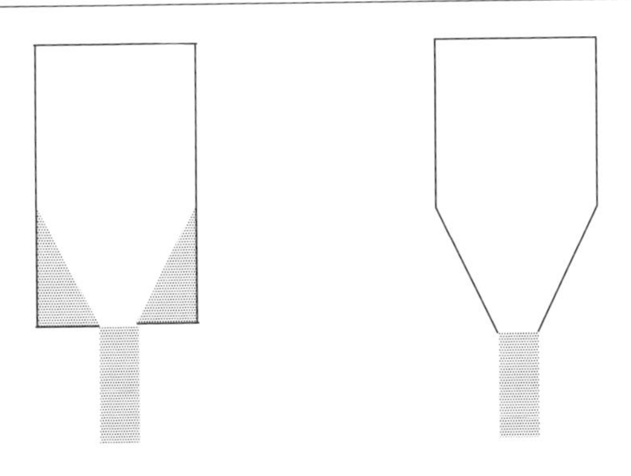

図1-5-12 針金でつつく

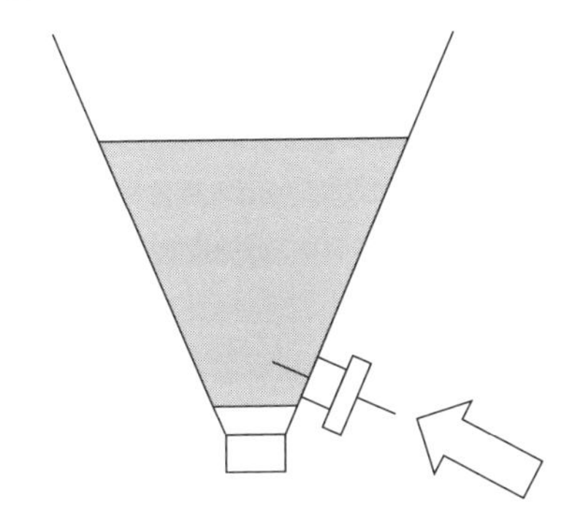

では、ホッパー底部に回転機構を設ける装置や、圧縮空気を送り込むようなメカニズムの閉塞防止装置がいくつも開発されているのでそちらを検討してみてはいかがでしょうか。

❹現場で困ったときに

最後に現場の知恵を授けます。閉塞してどうしようもなくなった場合、下から針金のような長い棒でつついてやるとあっという間に閉塞を解決できます。この方法は、出口にロータリーバルブのような流量制御装置がついていない場合は一気に流れ出しますので注意してください。**図1-5-12**に示すように、ホッパーに針金を入れるためのフランジを設けておくことが必要です。

要点 ノート

閉塞を起こしたホッパーの改善策は外部からではなく、内部でブリッジングを破壊するようなメカニズムが効果的です。

1.5.7 フラッシング

❶流れ出したら止まらないフラッシング現象

粉体を扱う現場の技術者にとっては、いつも粉体が詰まって出てこない、叩けば叩くほど詰まってしまうことの繰り返しです。ところがまったく逆で流れ始めたら止まらない、制御できないような事態に陥ることがあります。これをフラッシング（flushing）現象と呼びます。フラッシングのしやすさをフラッシング性あるいは噴流性といい、Carrの実験的な研究により、安息角、崩潰角、分散度（粉体を一定の高さから落としたときの粉体の広がり度合い）から総合的に判断されます。安息角は円盤の上に静かに粉体を堆積させたときの傾斜角を表し、静的な流動性の尺度です。崩潰角は安息角を形成させた後、さらに振動を与えて崩した時の角度を表し、動的な流動性に相当します。分散度は一定の高さから粉体を落下させたときにどれだけ粉体が広がるかを評価する数値です。

❷どんなときに起こりやすいのか

フラッシング現象はどういうときに起こりやすいかですが、粉体の温度が高い場合、そこに空気が吹き込まれると急激に空気が膨張して、粒子同士の接触点が離れるような状況が考えられます（図1-5-13）。その最もわかりやすい事例は火山の噴火時に発生する火砕流です。岩石はサイズが大きく重いのですが、一度崩壊すると空気を抱き込んで流動性が高くなり、液体のように流れ始め、しかも重いのでどんどん加速して大きな被害につながります。

粉体操作でも、たとえば製品粉体の温度が高く場合、マンホールの蓋を開けると接触した空気が急激に膨張してフラッシングが起こり、あわててマンホールの蓋をしても隙間からどんどん流れ出してくることがあります。

❸フラッシング対策

フラッシング状態では、一定の容積を切り出すような定量フィーダーでの供給は不可能です。もともと粉体の定量供給機は付着性の高い粉体をいかに定量的に供給するかに焦点を絞って開発されているからです。

ホッパー出口でも、ロータリーバルブ（rotary valve）のようにシールをしながら羽根が回転して粉体を切り出すような排出機でさえ、羽根とケースのク

図 1-5-13 フラッシングのメカニズム

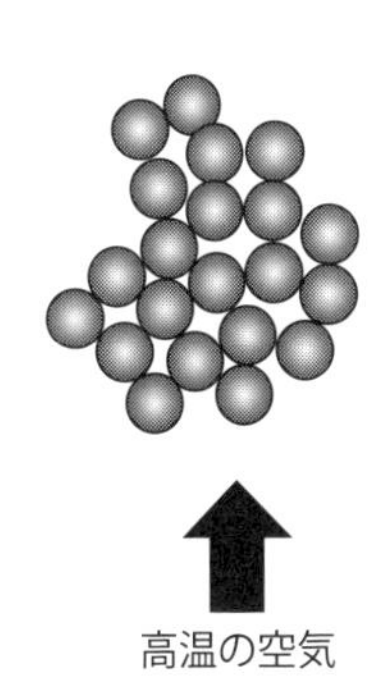

(1) 高温の粉体に空気を吹き込む

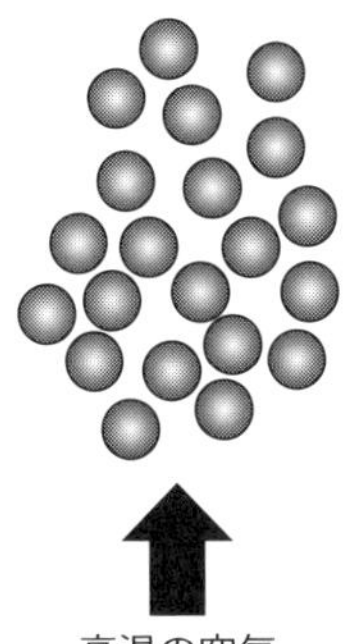

(2) 空気の急激な膨張により粒子同士が離れる

図 1-5-14 ロータリーバルブと二重スライドゲート弁

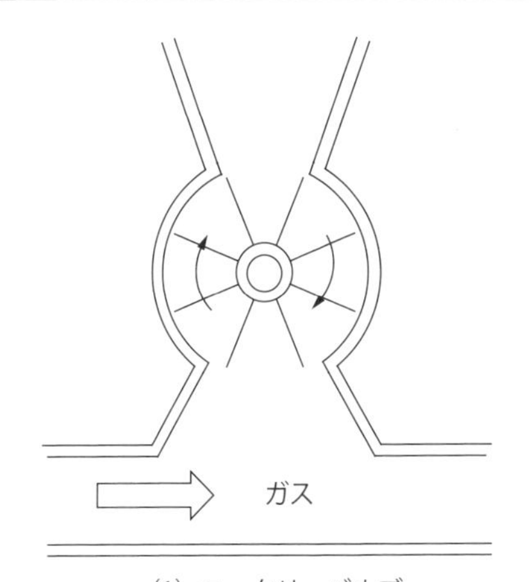

(1) ロータリーバルブ

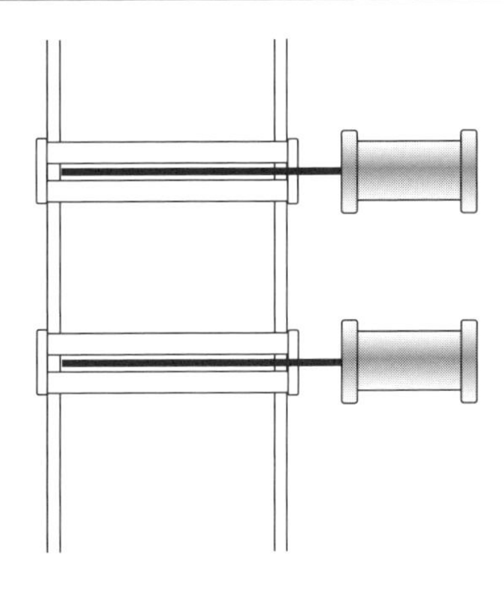

(2) 二重スライドゲート弁

リアランスから粉体が漏れ出ることがあり、スライドゲート弁（slide gate valve）を二重に設けて、シークエンス制御で開閉するなどしないと排出制御が困難になります（**図1-5-14**）。

要点 ノート

普段は付着性により閉塞しがちな粉体ですが、条件がそろうとフラッシングと呼ばれるコントロール不能の流動状態になってしまいます。

コラム

● 天然の標準粒子 - 石松子 - ●

石松子（せきしょうし）は、世界中に広く分布するヒカゲノカズラ（*Lycopodium clavatum*）の胞子です（写真①）。石松子は淡黄色の粉体で、個々の粒子は写真②の電子顕微鏡写真からわかるように四面体粒子で三面は平面に近く一面が球面状であり、表面には網目状の凹凸がみられます。

また、粒子径がそろっている（中位径：30～40 μm）、流動性がきわめてよい（安息角32°～34°）、吸湿性がない、非付着性である、水に入れてよく攪拌しても水面に浮かぶ（粒子密度：1.05×10^3 kg・m^{-3}）、易燃性であるなどの特徴があります。水面に浮かぶ性質は、粒子密度は水より少し大きいものの、粒子表面の凹凸構造のため、空気を抱き込むことによります。

石松子のこれらの特性を活用し、各種試験の基準粉体として使用するために、一般社団法人日本粉体工業技術協会（APPIE）から、APPIE標準粉体として販売されています（1.5.2項参照）。近年では、花粉の類似物質として、マスクの性能試験にも使用されています。そのほかに、和漢薬の丸剤の丸衣、果実栽培の人工授精用花粉の希釈剤としても用いられています。石松子を希釈剤とすることで、花粉が均一に分散するため、授粉効率が格段に向上するそうです。

①ヒカゲノカズラ

②石松子の走査型電子顕微鏡写真

【第2章】

粉体の取り扱いのための段取り

2. 1. 1

粉体を採取する

❶代表試料採取の重要性

粒子径分布測定の重要性は第1章で述べたとおりです。現在では、後述のように優れた粒子径分布測定装置が各社から販売されており、再現性のよいデータが簡単に得られるようになりました。一般に、バルクの粉体に対して、粒子径分布測定装置に仕込む試料粉体の量は非常に少なく、一つの問題として、「その試料が母集団を代表しているか」が挙げられます。ここが保証されないと、いかに優れた装置を用いたとしても有効な情報とはなりません。

大量の粉体から代表試料を採取する方法をいくつかご紹介します。

❷円錐四分法

1.3.1項でご紹介した方法で、特に大がかりな装置を必要することがなく手軽に行うことが可能です。また本項❹で解説する分割器は粉体の流動性がよくないと最大限の分割性能を発揮できませんが、円錐四分法は比較的濡れた粉体でも効率よく分割できるのでお薦めです。大量の粉体から少量の測定用試料を分取する方法として粉体技術では基本的な方法です。

❸プローブによる採取

粉体の山からスプーンなどで少量採取することをいいます。円錐四分法よりもさらに手軽ですし、現場ではよく行われているようです。しかし、この方法は注意点がいくつかあります。粉体には偏析といって、粒子径や密度によって、堆積層の表面と内部とで構成が異なることがあります。よく混ぜてから採取するとしても、混ぜる操作が不十分ですと、これだけで偏析が起きることがありますので、あまりお薦めできる方法ではありません。

❹分割器による採取

大量の粉体から少量の試料を採取するニーズは非常に多いとみえて、多くのメーカーからさまざまなタイプの分割器（divider）が商品化されています。

一番ポピュラーなのが、二分割器です。**図2-1-1**にJIS M8100準拠の二分割器を示します。これは1ロットを二分割する装置ですので、少量サンプルを採取するには少し手間がかかります。そこで一気に10分割できるロータリーサンプラーという装置が開発されました（**図2-1-2**）。

図 2-1-1 JIS M8100 に基づく試料縮分器

（写真提供：筒井理化学器械株式会社）

図 2-1-2 ロータリーサンプラー

（写真提供：筒井理化学器械株式会社）

要点 ノート

大量の粉体から少量の代表サンプルを得るのは困難です。円錐四分法や分割器を活用しましょう。

2.1.2
篩い分け

粉体試料を篩網(ふるい)に供給し、通過する画分と篩網上に残る画分に分ける操作を篩(ふる)い分(わ)け(sieving)と呼びます。篩の目開きは、鉱山などで使用される数10 cmの粗いものから、小麦製粉で使用される数10 µmの細かいものまで幅広くあり、近年では、超音波を利用した数µmの極微細なものまで用意されています。

皆さんが粉を篩い分けるとき、トントンと篩枠を叩いて篩う場合と、平面状に回転させて粉体を滑らせて篩う場合があると思います。産業機械でも、同じようなメカニズムがあり、前者を振動スクリーン(vibrating screen)、後者をシフター(sifter)と呼んでいます。一般論として、200 µmより大きく非付着性粉体の場合は振動スクリーンを、それよりも細かく付着性のある粉体の場合は、シフターが用いられています。

篩の目開きは、1インチあたりの目開きの数を表すメッシュ(mesh)で表されていましたが、わかりにくいため、現在では、目開きの一辺の長さで表されています。工業用の篩網としては、鉄やステンレス鋼を織り込んだ織金網(woven wire mesh)、絹やナイロンなどのボルティングクロス(bolting cloth)、鉄やステンレスの平板をプレス機で穴開けした打ち抜き網(perforated metal)、合成ゴムを用いたスクリーン(screen)などがよく用いられます。素材によって線材の太さが異なりますので、メッシュと目開き(opening)は対応していません。

篩い分けは目開きのサイズできっちり分離できるわけではなく、ある程度の確率過程で記述されます。たとえば、目開きが100 µmの篩網で篩った場合、網の上には、100 µm以上の粒子だけではなく、100 µmより小さい粒子も存在するということです。このことについて解析している研究は数多くありますが、一番大切なことは、篩い分け装置の性能評価をする場合は、試験用篩を用いることです。もちろん実際の篩い分け装置のスケールと試験用篩のスケールは異なりますが、同じ現象で分離しているのですから、篩い分け性能をよりよく評価できるわけです。

試験用の篩は目開きが国際規格(ISO 3310-1:2016)および日本工業規格

図 2-1-3 試験用篩

（写真提供：東京スクリーン株式会社）

図 2-1-4 試験用篩振とう機

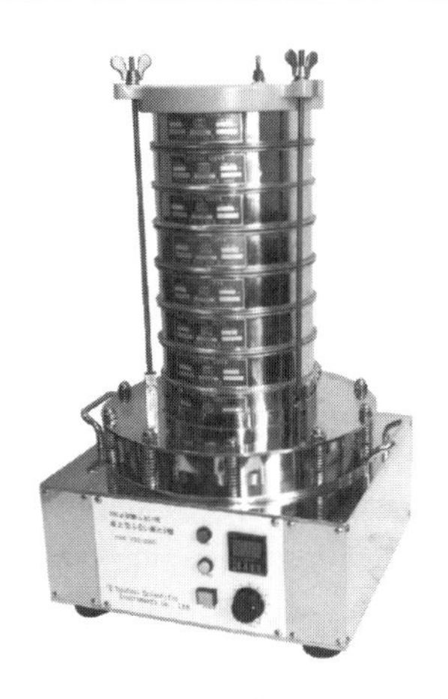

（写真提供：筒井理化学器械株式会社）

（JIS Z8801-1：2019）で定められています。目開きは、大きいところでは125 mmから細かいところでは5 μmまであり、さらに補助目開きもきめ細かく決められていますが、実際に篩い分け操作で使われる目開きは、1.00 mm、0.710 mm、0.500 mm、0.355 mm、0.250 mm、0.180 mm、0.125 mm、90 μm、63 μm、45 μmといったところです。

図2-1-3に示すような円筒形の試験篩（testing sieve）を**図2-1-4**に示すような篩振とう機（sieves shaker）で所定時間篩って、各篩上の質量を測定して、篩い分けによる粒子径分布を求めます。

要点 ノート

篩い分けは最も基本的な分離手段です。JISでは基本的な目開きの篩網が決められています。

2. 1. 3

沈降法

1.5.1項では、液体中の微粒子は事実上一定速度すなわち終末沈降速度（terminal sedimentation velocity）で沈降することを示しました。これは、液体中の微粒子は、重力、浮力、液体から受ける抵抗がバランスしていることを意味します。改めて終末沈降速度vは

$$v=\frac{(\rho_p-\rho_f)gx^2}{18\mu}$$

で表されます。ここで、ρ_p[kg·m^{-3}] は粒子の密度、ρ_f[kg·m^{-3}] は液体の密度、μ[Pa·s] は液体の粘度、g[m·s^{-2}] は重力加速度を表します。この式は、速度vを計測すると、その沈降速度をもつ球形粒子の径が求められることを意味します。

この考え方に基づいて粒子径分布を求めるのが沈降法（sedimentation method）です。**図2-1-5**に沈降法による粒子径測定の原理を模式的に示しました。(1) の測定開始時すなわち時刻$t=0$では流体中に均一に粒子は分散し、どの深さでもすべての大きさの粒子が同じ割合で存在していることを表しています。(1) では、上の標線（図中の点線）で濃度を測定しても下の標線で測定しても同じ濃度が得られます。時間の経過とともに大きい粒子ほど先に沈降し、図2-1-5 (2) の$t=t_1$において、下の標線に着目すると、大きい粒子はすでにすべて通過し、中くらいの粒子と小さい粒子だけの濃度になっていることがわかります。さらに (3) の$t=t_2>t_1$では下の標線では大きな粒子も中くらいの粒子もすでに通過しており、小さな粒子だけが存在していることがわかります。以上の原理で粒子径分布を測定することができます。ここで示した方法は重力沈降を利用していますが、粒子径が数μm以下になると重力沈降では沈降時間が非常に長くかかってしまいます。そこで、遠心力場で沈降速度を大きくして測定を行うと重力沈降に比べて短時間で測定が完了します。

粒子の沈降に伴う、ある深さでの粒子濃度の経時変化を、従来は比重計や、懸濁液をサンプリングし、蒸発乾固して秤量するアンドレアゼンピペット法（**図2-1-6**）で評価してきましたが、近年は光、X線透過法など迅速で高精度な測定が可能となりました（**図2-1-7**）。

図 2-1-5 沈降法による粒子径分布測定の原理

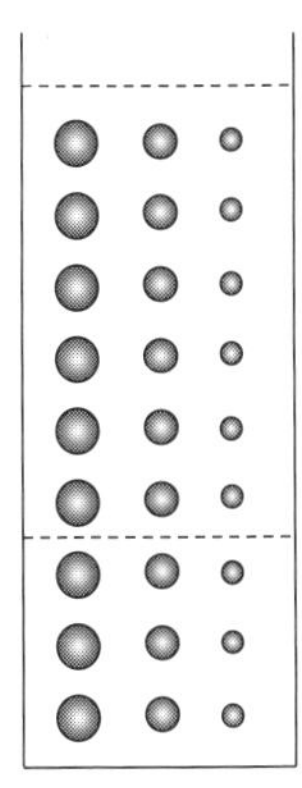

(1) $t=0$

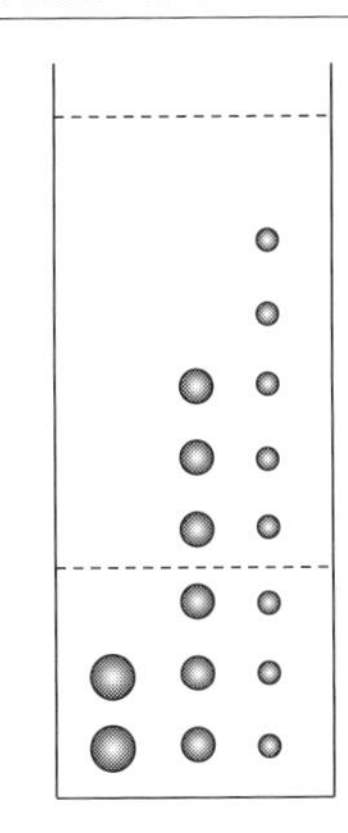

(2) $t=t_1$

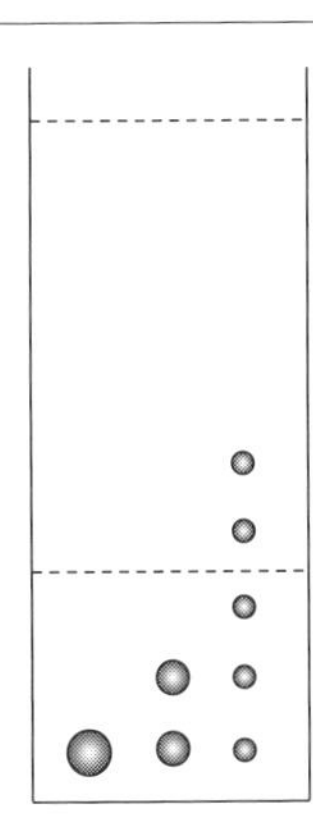

(3) $t=t_2>t_1$

図 2-1-6 アンドレアゼンピペット

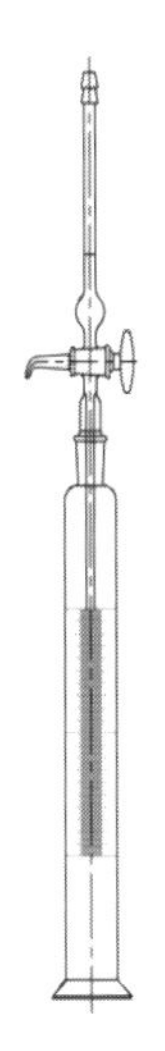

図 2-1-7 沈降法とX透過法を用いた自動分析

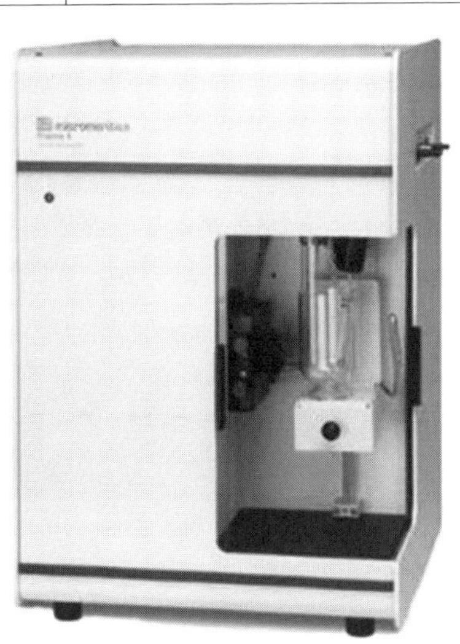

(写真提供：株式会社島津製作所)

要点 ノート

液体の中を微粒子が一定速度で沈降することを利用して粒子径分を測定することができます。

2.1.4
レーザー回折・散乱法

図2-1-8に微粒子を懸濁させたフラスコにレーザー光を当てる実験を示しています。光の通り道が観察できます。これはチンダル現象として知られています。フラスコ中の光の道筋が見えるということは、観察者に向かって光が曲げられた結果です。粒子に光が当たると、回折、散乱、反射といった光特有の現象が起こります。虹が七色に見えるのは、上空の水滴に光が当たって、散乱を起こしているからです。光の波長によって散乱の仕方が異なるため、色が分かれて見えるわけです。光の散乱は、粒子のサイズ、粒子の屈折率、光の波長など多くの変数によって記述されるたいへん複雑な方程式で表され、粒子が懸濁している系に光を当てたときに得られる散乱パターンはさまざまな大きさの粒子による散乱の重ね合わせの結果です。近年のコンピューターの進歩と演算スキームの発達によって、短時間で粒子径分布に変換できるようになりました。

現在のレーザー回折・散乱法による粒子径分布測定装置は、光の単色性と干渉性に優れたレーザー光を粒子群に照射することによって0.1 μm程度までの粒子径分布を測定できるようになりました。この方法の特徴は、①測定時間が短い、②再現性がよい、③測定範囲が広い、④操作が簡単で熟練技術を要しない、ということで、測定対象の現象とこの方法による測定データの整合性はともかくとして、メーカーとユーザー、複数の工場間で同じ器械を使うことによって品質管理的に利用されることが多くなりました。

図2-1-9にレーザー回折・散乱法による粒子径分布測定の原理を示します。光源から出たレーザービームはコリメーターによって少し太いビームに変換されます。このビームが測定対象となるサンプル粒子群に照射されます。レーザービームが照射されたすべての粒子において、回折・散乱が起こり、それらの光が重ね合わされた光強度分布パターンが発生します。前方散乱光の光強度分布パターンはレンズによって集光され、焦点距離の位置にある検出面に同心円状の回折・散乱像を結びます。この回折・散乱像を、同心円状に受光素子が配置された前方回折・散乱光センサーで検出します。前方だけでなく、側方や後方の光も側方散乱光センサーと後方散乱光センサーで検出します。

図 2-1-8 チンダル現象

図 2-1-9 レーザー回折・散乱法による粒子径分布測定の原理

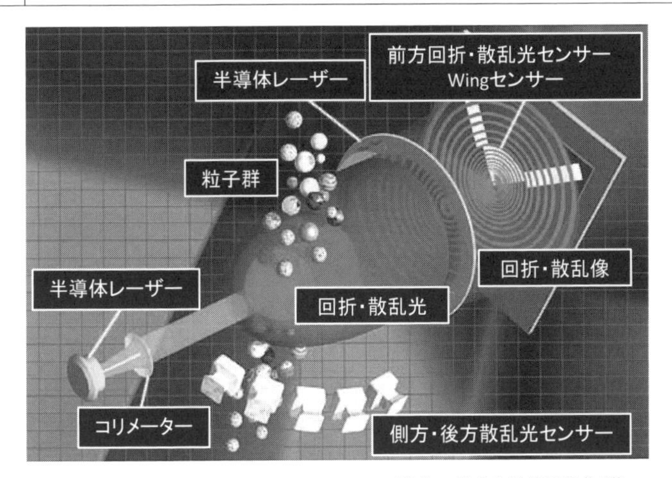

（出典：株式会社島津製作所）

要点 ノート

懸濁粒子にレーザー光を当てると、回折および散乱が起こります。そのパターンを計測することで短時間に再現性のよい粒子径分布を求めることができます。

2.1.5
電気的検知帯法

電解質溶液に粒子を懸濁させた容器にアパーチャー（aperture）と呼ばれる微細孔のあるガラスチューブを挿入します。このガラスチューブの片方から真空ポンプで吸引すると、微細孔を通って懸濁液が流入してきます。このとき、粒子の濃度を適切に調整して、吸引時に微細孔を粒子1個ずつ通過するようにしておきます（**図2-1-10**）。アパーチャー両端に一定電圧をかけ、インピーダンスを測定していると、通常は電解質溶液のみのインピーダンスだったものが、粒子が通過すると粒子の体積分だけインピーダンスが変化します。この変化の程度は粒子の体積に依存することから粒子径を測定することが可能となります。体積が決まれば、その値から球相当径が求められます。この測定方式では、粒子1個ずつの個数カウントができるので、厳密な粒子径管理に対応できる手法であるということができます。

個数カウントで粒子径分布を求める装置はほかにはありません。ただし、1種類のアパーチャーに対して測定できる粒子サイズの範囲は限定されるので、幅広い粒子径分布を測定するためには複数のアパーチャーを付けかえて測定する必要があること、また、アパーチャー径よりも大きな粒子が存在すると目詰まりを起こすことから、精度のよい測定にあたっては、適切なアパーチャーの選択、適切な懸濁濃度などの検討が重要です。一般論として、アパーチャー径の40％程度が測定できる最大径で、最小径はアパーチャー径の2％とされています。アパーチャー径は20 μmから2000 μmまでいろいろなサイズが用意されていて、最小のアパーチャーを用いると0.5 μm程度の微粒子まで計測できます、

コールターカウンター（Coulter counter, Coulter Electronics Ltd., U.S.A）が電気的検知帯法（electrical sensing zone method）の代表です。**図2-1-11**に測定中のコールターカウンターの写真を示します。中心部分のガラスチューブの下方にアパーチャーがあり、チューブ上方に電解液を吸引し、ガラスビーカー内の微粒子が1個ずつアパーチャーを通過するようにします。コールターカウンターはもともと赤血球、白血球の数の測定のために開発されたもので、そのほかに、細胞、バクテリア、ウイルスなどの測定に使用されています。粉

図 2-1-10 電気的検知帯法の原理

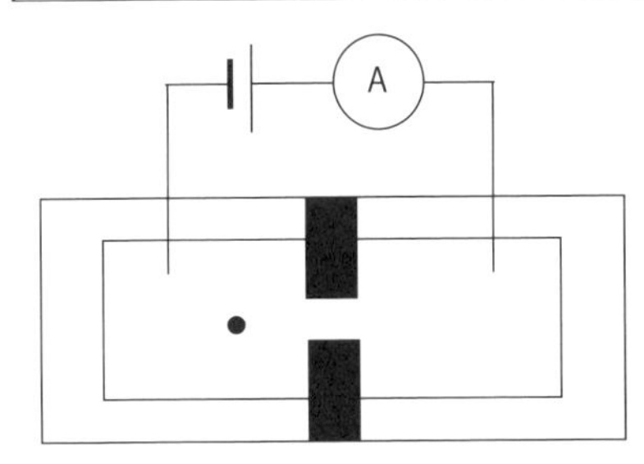

(1) アパーチャー内が電解質のみのとき

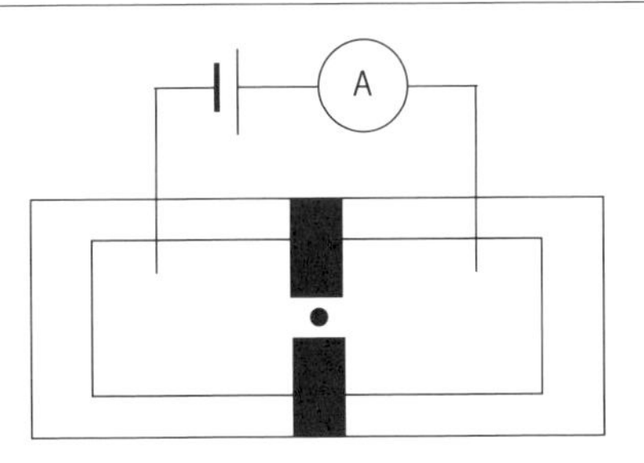

(2) アパーチャー内を粒子が通過しているとき

図 2-1-11 測定中のコールターカウンター

体技術分野では、その測定原理から、比較的粒子径のそろった試料に対して正確な測定を可能にするため、樹脂、塗料、セラミックス、ガラス産業でも幅広く使われています。

要点 ノート

コールターカウンターは、粒子1個ごとの粒子径を求める測定装置で、個数カウントすることが必要な系の測定に適しています。

2. 1. 6

インパクター

壁に向かって粒子を含んだ気流を吹き付けると、気流は壁に沿って流れの方向を変えます。このとき、微小粒子は気流に乗って流れの向きを変えますが、大きな粒子は、慣性力が強いため、流れ線から外れ壁に衝突します。壁に衝突するかしないかは、流体の速度、粘性、粒子の密度などによって決まります。

そこで、粉体粒子を含んだ気流を**図2-1-12（a）**に示すようなノズルを通して衝突板に向かって下方に吹き付け、気流の流路を直角に変えると、ある粒子径より大きな粒子は衝突板に捕捉され、それ以下の粒子は流れに乗って衝突することなくそれていきます。

このとき、粒子は慣性力をもつため、気流に追随できずに遅れ時間が生じます。この遅れ時間とこの流路の気体の通過時間との比率で衝突するかどうかが決まります。この比率を慣性パラメーター（inertia parameter）と呼び、慣性力を利用して粒子を取り扱う場合の粒子径の変数として用いられます。慣性パラメーターφは次式で与えられます。

$$\varphi = \frac{C_C \rho_P x^2 u}{18 \mu L}$$

ここで、C_Cはカニンガムの補正係数（Cunninghum's correction factor）で、粒子径が非常に小さい場合や圧力が低い場合など粘性の法則からのずれを補正する数値です。ρ_Pは粒子密度$[\mathrm{kg \cdot m^{-3}}]$、$u$はノズルからの吹き出し速度$[\mathrm{m \cdot s^{-1}}]$、$\mu$は気体の粘性係数$[\mathrm{Pa \cdot s}]$、$L$はノズル径あるいは流路の大きさ$[\mathrm{m}]$を表します。

この構造の捕集器を多段に積み重ね、粒子径が順次小さくなるようにノズルと平板を構成し、**図2-1-12（b）**に示すような多段にしたものがカスケードインパクター（cascade impactor）です。

この粒子径分布測定装置で測定できるのは、慣性力で計算される粒子径で空気動力学径（aerodynamic diameter）と呼ばれます。カスケードインパクターの測定結果は慣性パラメーターの平方根で整理するのが通例です。慣性パラメーター自体は無次元数ですが、分子に粒子径の2乗の項があるため、その平方根は、粒子径の無次元数として扱うことができるからです。また、実用的な

図 2-1-12 カスケードインパクター

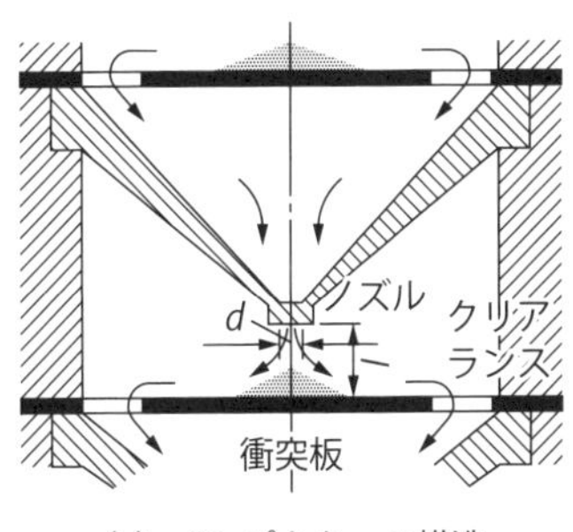

(a) インパクターの構造

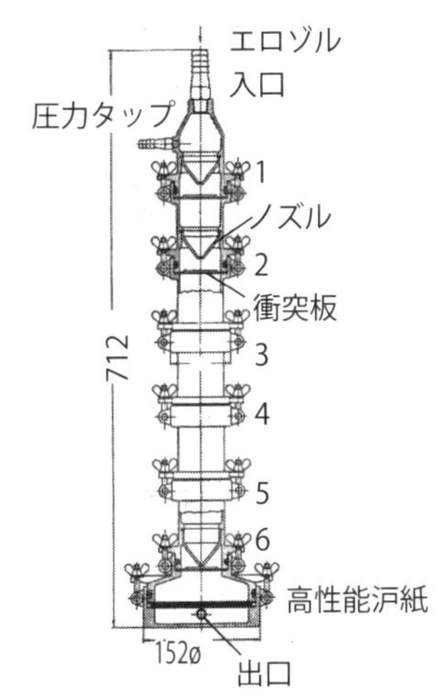

(b) 6段の円孔インパクター

図 2-1-13 インパクターの分離効率曲線

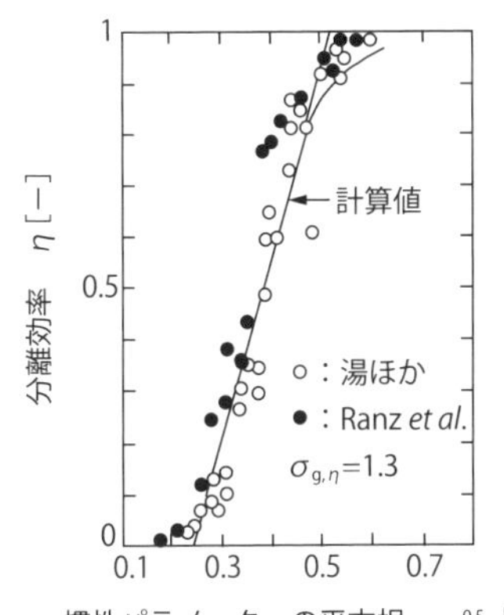

範囲で、**図2-1-13**に示すように分離効率と慣性パラメーターの平方根は直線関係になることを利用して、各段の分離粒子径が求められます。

カスケードインパクターで測定される粒子径分布は、慣性力を利用した分級装置、集塵装置などの評価に適しています。

要点 ノート

慣性衝突の原理を利用した粒子径分布測定装置としてインパクターがあり、慣性力を利用した装置の評価に用いられます。

2. 1. 7

粒子径分布測定上の注意点

粒子径分布測定の際には粒子を液中または気相中に分散する必要があります。しかし、粒子径が数10 μm以下になると粒子表面間引力が粒子の分散力を上回ることによって付着・凝集現象が発生します。粒子が凝集を起こすと、粒子径分布を沈降法などで測定しようとしても**図2-1-14**に示すように、凝集体の大きさを測定していることになってしまい、一次粒子の大きさに関する情報が入手できません。特に、数μm以下の微粒子になると超音波や攪拌といった機械的な操作だけでは粒子の分散は不可能です。

そこで、分散剤（dispersant）を添加して粒子の分散を促進させることが行われます。分散剤添加による分散メカニズムとしては、分散剤が水中でイオン状態に解離し、そのイオンが粒子表面の電荷を制御することで、静電気的に粒子同士を反発させることや、高分子界面活性剤や高級脂肪酸の分子が粒子表面に吸着し、その立体障害により粒子同士の接近を防止するといった主に2種類のメカニズムが考えられます。

粒子径分布測定用の分散剤としては、ポリリン酸塩、ヘキサメタリン酸ナトリウム、ピロリン酸ナトリウムなどが用いられています。**図2-1-15**にヘキサメタリン酸ナトリウムの分子構造を示します。この物質が粒子表面に吸着し、ナトリウムイオンを放出することで、**図2-1-16**に示すように、粒子表面は負に帯電し、粒子間に強い斥力が働くことで粒子分散が達成されます。

また正確な粒子径の測定のためには、溶媒の選択も重要です。通常は純水を使われることと思いますが、水に溶けやすい粉体の場合は測定誤差を引き起こします。特に微粒子の場合大きな測定誤差となります。測定対象の溶解度、適切な溶媒の選択に気をつけてください。水が不適切な場合には、1-ブタノール（n-ブチルアルコール）、イソブタノール（2-メチル-1-プロパノール）といったアルコール類がよく使われます。また、疎水性の微粒子の場合、水中では分散が困難ですので、ヘプタンやドデカンといった炭化水素が用いられます。

粒子径分布測定では、測定装置にかける試料の分散と適切な溶媒選択がたいへん重要であることを念頭に置いて、測定に臨んでいただきたいと願っています。

図 2-1-14 粒子の分散状態と測定結果への影響

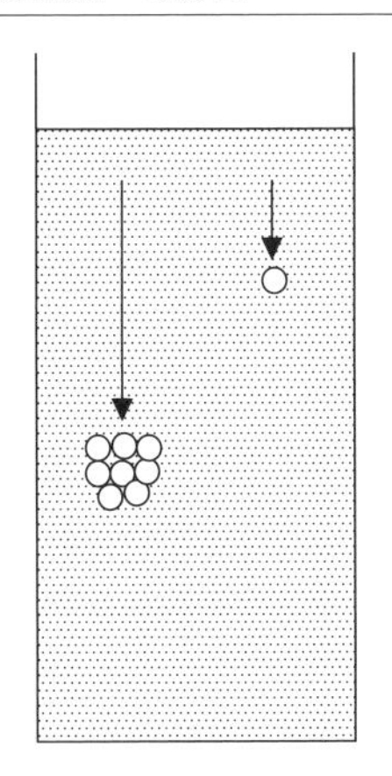

図 2-1-15 ヘキサメタリン酸ナトリウムの分子構造

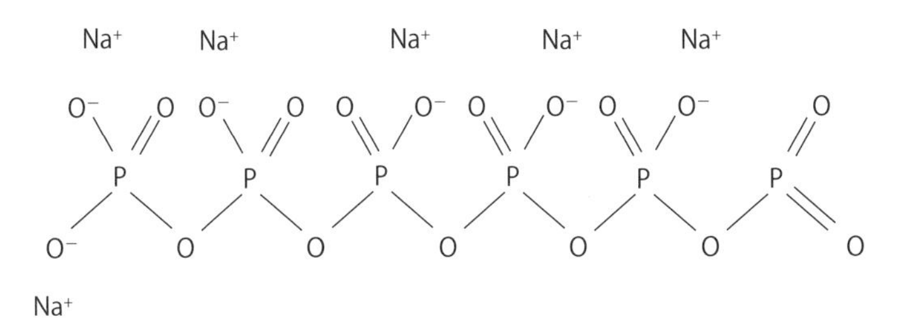

図 2-1-16 分散剤による微粒子分散効果

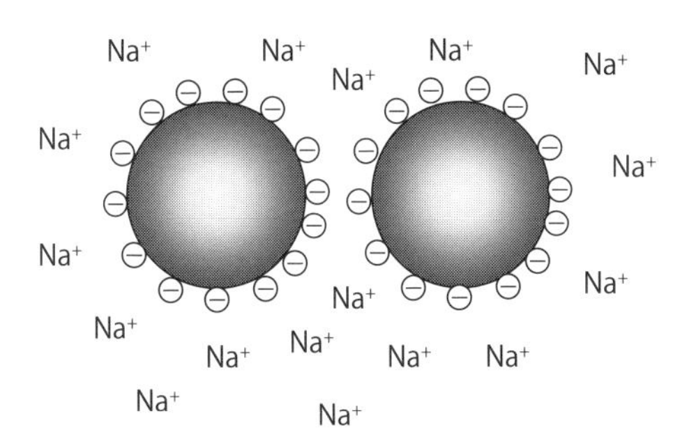

要点 ノート

粒子径分布の測定にあたっては、試料の分散状態を維持することが重要です。

2.2.1

重力、慣性力、遠心力を利用した分離

❶重力

粉体粒子はストークスの法則に従って、媒体（空気や水）中を一定速度で沈降し、その速度は、粒子径や粒子の密度に関係します。この原理を利用して簡単な分離装置を設計することができます。

3.2.6項で説明する電気集塵装置では、ダクトから装置にダストを含んだ気流を導入する際に急激に断面積を大きくして装置に接続するため、気流の速度は急激に低下し、粗粒子を中心として落下させることができます。電気集塵装置の捕集効率は最適条件で99.9％に達しますが、そのうち70％は装置に入る前の重力集塵によるものであると考えられます。

❷慣性力

2.1.6項において、インパクターの原理を利用した粒子径分布測定装置のお話をしました。気流中の微粒子は、気流が急激に流路を変えると微粒子は流線から外れて壁に衝突するという原理に基づいています。

わが国では、昔からイネを収穫して脱穀した後、玄米ともみ殻を分離するため、送風機で斜め上方に飛ばし、玄米は手前に落ちて、もみ殻は遠くに着地するという性質を利用して分離が行われていました。風篩（ふうし）（wind screen）と呼ばれる技術です。

図2-2-1に傾斜シュートを利用した分離装置の一例を示します。風篩も傾斜シュートも重力と慣性力を利用した分離装置と考えることができます。

❸遠心力

重力を利用した分離は最も一般的な分離法ですが、課題はその沈降速度の遅さです。10 μmのサイズの微粒子が空気中を沈降する速度は0.8 mm·s^{-1}です。1 m沈降するのに約20分かかりますので重力を利用した分離法は現実的ではありません。

そこで重力の代わりに遠心力を利用することで沈降速度を高めることができます。**図2-2-2**は遠心力で分離するサイクロンを示します。含塵気流は図のように接線方向に導入され、円筒内で渦流を形成します。自由渦に近い流れですが、円筒で拘束されていますので半自由渦と呼ばれます。この渦流により、粗

図 2-2-1　慣性力と重力を利用した分離

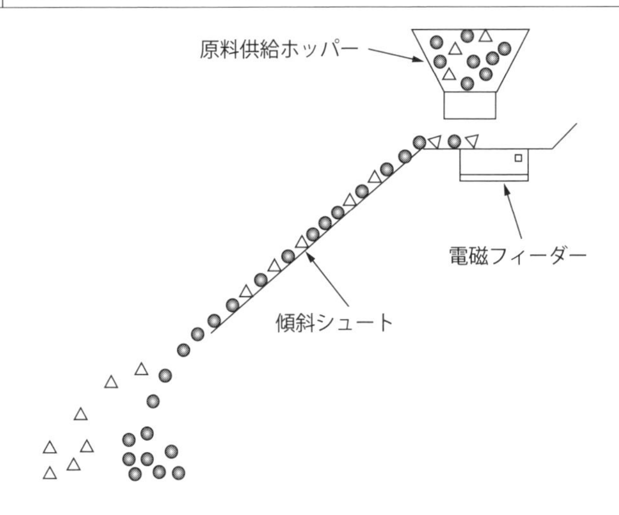

図 2-2-2　サイクロン

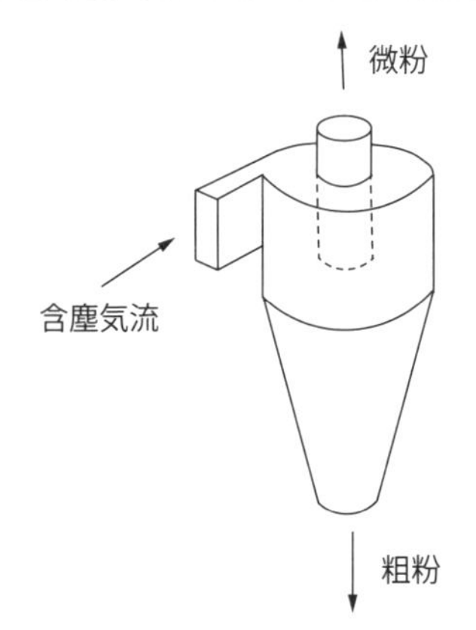

粉（サイズの大きな塵）は壁に移動し下方に落下します。微粉は渦流に乗って上方へ移動します。サイクロンは最も研究が進んでいる集塵機の一つで、標準サイズも提示されています。

また、実験室で使われる遠心分離機は重力の一万倍の遠心力をかけられるものもあり、DNAや酵素といった分子レベルの分離に活用されています。

要点 ノート

乾式の粉体分離装置として、重力、慣性力および遠心力を利用した分離装置が広く用いられています。

2.2.2
静電気の力を利用した分離

気相中の粒子分散・分級・分離操作では、取り扱う粒子がどのような帯電挙動をするかが重要です。金属のような良導体粒子の場合は、電界中で容易に分極し、荷電粒子として取り扱うことができます。半導体粒子の場合は、イオンを衝突させるなどして電荷を与えることができます。また合成樹脂やゴムといった不良導体では、イオンによっても電荷を与えることが不十分であり、接触帯電あるいは衝突帯電により電荷を与える必要があります。このように微粒子に電荷を与える方法はいくつかあります。

❶イオンによる粒子の帯電

空気中で、一対の電極を置いて、その間の電圧を徐々に上げていくとある電圧以上で電子なだれと呼ばれる放電現象が起こります。これが持続した状態をコロナ放電（corona discharge）と呼び、微粒子に電荷を与える有効な手段です。

❷接触帯電（contact charging）

合成樹脂の板を髪の毛に擦り付けて離すと髪の毛が合成樹脂板に付着します。これは髪の毛と合成樹脂板の間で電子の移動が起こり、静電気力が付着力として作用したためです。微粒子も壁面に衝突したり粒子同士が接触したりすることにより帯電させることができます。

❸衝突による帯電（impact charging）

粒子が壁や別の粒子に衝突することでも帯電が起こります。これを衝突帯電と呼びます。

以上のような帯電のメカニズムによって帯電した微粒子の運動について考えてみたいと思います。帯電した微小粒子に作用する力は、クーロン力、移動に伴う流体抵抗、浮力、および重力であり、さらに帯電粒子に特有な現象として、装置壁に帯電粒子が接近した場合に発生する影像力が挙げられます。また帯電粒子が多数存在する場合には、粒子群自体が電界を形成し、粒子同士の相互作用が無視できなくなります。

❹帯電粒子の運動

以上のように電界中の帯電微粒子の挙動解析は非常に複雑ですが、ここでは

図 2-2-3 カニンガムの補正係数の値

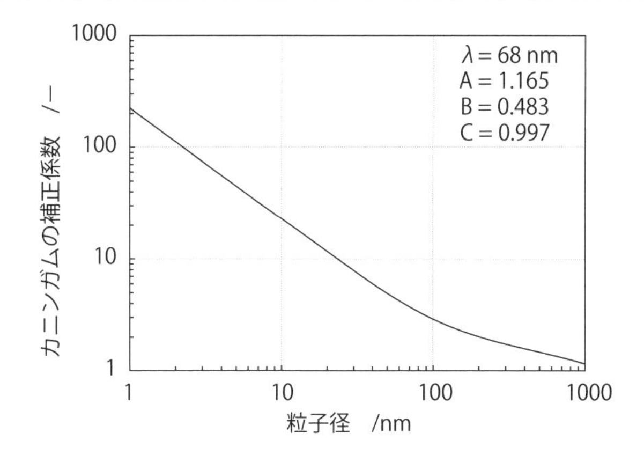

静電界中に単一の帯電微粒子が存在しているという単純な系で運動方程式を立ててみます。重力や浮力がクーロン力に対して無視できるような場合、運動方程式は次のように立てられます。

[粒子質量]・[加速度] = [クーロン力] − [流体抵抗力]

したがって、運動方程式は次のように記述されます。

$$\rho_p \frac{\pi x^3}{6} \frac{\mathrm{d}v}{\mathrm{d}t} = qE - \frac{3\pi \mu x v}{C_C}$$

ここでρ_p[kg·m^{-3}] は粒子の密度、μ[Pa·s] は空気の粘度、v[m·s^{-1}] は粒子の速度を表します。C_C[−] はカニンガムの補正係数で、粒子の大きさが気体分子の平均自由行程（大気圧で68 nm）と同程度になると粒子表面での流体の速度がゼロにならなくなり、ストークスの法則から求められる抵抗力より小さくなることを補正する係数です。**図2-2-3**に示すように数10 nmの微粒子では10程度の大きな数値を示します。

上式は1階の常微分方程式であり、媒体中の微粒子の沈降と同じく事実上一定速度v_p[m·s^{-1}] で移動します。

$$v_p = \frac{C_C q}{3\pi \mu x} E$$

上式において、電界E[V·m^{-1}] の係数をひとまとめにして電気移動度と呼びます。この係数は、電気移動度解析装置の測定原理として利用されています。

要点 ノート

静電気力を利用した分離では、微小粒子になるほど、移動速度を高くすることができ、高効率な分離が期待できます。

2.2.3
磁気の力を利用した分離

❶磁界の性質

微粒子が磁界（magnetic field）の中でどのような挙動をするかについて考える前に、磁界の性質についてまとめておきます。

磁石に使われる強磁性材料（ferromagnetic material）の特性を表すのに、**図2-2-4**のように、外部の磁場H[A·m^{-1}]を逆方向も含め交互にかけたとき、材料の磁束密度B[T]がどのように変化するかを表す磁化曲線（magnetization curve）を用います。強磁性材料は、トランスや磁気ヘッドのように、交流で使われることが多いためです。図より、磁場を強めていく場合と弱めていく場合とで、経路が異なっていることから、これをヒステリシス曲線（hysteresis curve）と呼びます。このとき、縦軸は、磁化J[Wb·m^{-2}]ではなく、磁束密度$B = J + \mu_0 H$を用いますが、磁場の項はJに比べて小さいので、大ざっぱにいって、Jで表して差し支えありません。透磁率は$B = \mu H$で定義されます。つまり図中で、ヒステリシス曲線の勾配が透磁率に相当します。残留磁化に対応する磁束密度を残留磁束密度B_rといいます。逆方向に磁場をかけ、残留磁化がゼロとなる磁場を保持力（抗磁力ともいう）H_c[A·m^{-1}]といいます。

❷磁性体の性能

トランスの鉄心や磁気ヘッドに使う磁性体はできるだけ小さな磁場で、大きく磁化することが求められます。言い換えると、大きな透磁率をもつことが必要条件です。そのためにはできるだけH_cの小さい材料が望ましいということができます。

一方、永久磁石として利用する場合には、磁石としての安定性が求められるため、大きなH_cを必要とします。また、永久磁石は高い静磁エネルギーをもった状態で、そのエネルギーは$BH/2$[J·m^{-3}]で与えられます。その磁石が蓄えることのできる最大の磁気エネルギーは、BH積が最大の値で、これを最大エネルギー積（BH)$_{max}$[J·m^{-3}]といい、永久磁石の能力を表します。磁束密度B_r[T]は、永久磁石の場合、磁石としての強さを表します。

以上のように磁石の性能は、保磁力（安定性）、残留磁化（強さ）、最大エネ

図 2-2-4 磁化のヒステリシス曲線

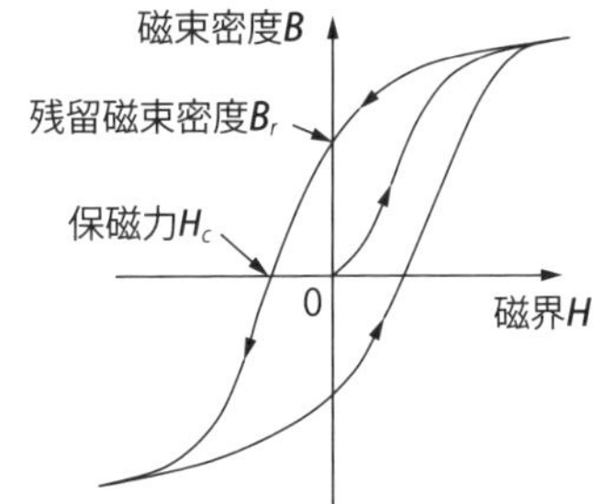

図 2-2-5 磁界の勾配と粒子の挙動

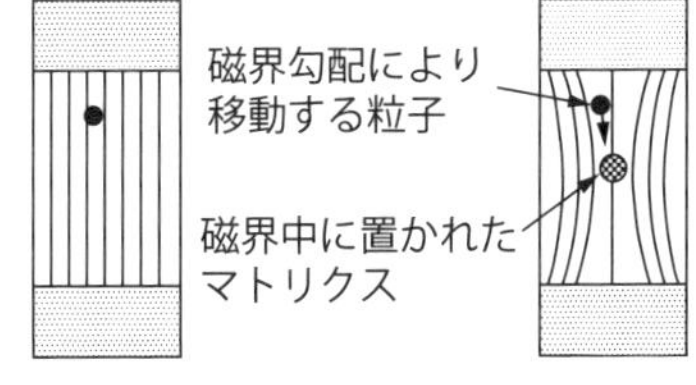

(1) 均一磁界中の粒子　(2) 不均一磁界中の粒子

ルギー積（能力）の三要素で表されます。

❸微粒子が磁界から受ける力

磁界中におかれた微粒子に作用する磁力F[N] は次式で与えられます。

$$F = v\mu_0 \chi H \frac{\partial H}{\partial x}$$

$$= vJ \frac{\partial H}{\partial x}$$

ここで、v[m^3] は微粒子の体積、μ_0は真空の透磁率（$=4\pi\times10^{-7}$ H·m^{-1}）、χ[−] は比磁化率、J[Wb·m^{-2}] は磁化の強さ、H[A·m^{-1}] は磁界、$\partial H/\partial x$ [A·m^{-2}] は磁界の勾配を表します。

図2-2-5に2種類の磁界中に置かれた粒子の様子を示します。(1) では磁極間に均一な磁界が形成されており、意外に思われるかもしれませんが、上式から考えると、図中の粒子はその場に留まって移動しません。したがって、磁界中で粒子を速やかに移動させるには、磁極の形状を工夫するか、磁界中に磁性体を挿入し、磁界の勾配を作り出すことが必要です。(2) には、磁極間にマトリクスを設置した場合を示しており、マトリクスの存在によって磁界がひずみ、勾配が生じています。粒子は上式に従って、磁力線の密な方向に向かって移動します。マトリクスが細線、微細構造をもった金網あるいはパンチングメタルなどの場合には磁界の勾配が大きくなり、磁界中の微粒子の移動速度を高めることができます。これは磁気分離装置の設計における重要な要件ですので覚えておきましょう。

要点 ノート

磁気の力を利用した分離技術では、磁界中に金網を置くなどして磁界の勾配を大きくし、粒子の移動速度を高めることができます。

2. 3. 1

物理的に粉体を作る

粉砕は低コストで大量に粉体を製造できるということで、粉体技術の中で最も重要な操作といってよいでしょう。石炭や鉱山で使われるような大型の粉砕機械は除いて、ここでは1 cm程度以下の固体原料（砕料ともいいます）を物理的により細かくして粉砕物（砕製物ともいいます）を得る装置について考えてみたいと思います。

粉砕とは、固体に力を加えて破壊し、新しい破壊面を作り出す操作で、それに要する仕事量を推定するためには2つの考え方があります。1つは、仕事量は新しい破壊面の面積に比例するというもので、もう1つは、仕事量は粉砕物の全表面積に比例するという考え方です。現実の粉砕装置の内部で起こっている現象は、その中間的な状態であるとして、ボンド（Bond）は粉砕に要する仕事量 W［$\mathrm{kWh \cdot t^{-1}}$］を求める次式を提案しました。

$$W = W_i\left(\sqrt{\frac{100}{x_{p0.8}}} - \sqrt{\frac{100}{x_{f0.8}}}\right)$$

ここで、$x_{f0.8}$［μm］、$x_{p0.8}$［μm］は、それぞれ粉砕前後の80 %通過粒子径を表します。また W_i は、1トンの原料を無限の大きさ（$x_{f0.8} = \infty$）から、100 μm（$x_{p0.8} = 100$ μm）の大きさまで粉砕するのに必要な仕事量と定義し、これをワークインデックス（work index；粉砕仕事関数）といいます。

この式から、粉砕操作についていくつかのことがいえます。まず、出発原料の大きさは粉砕仕事量にほとんど影響しないことがわかります。また、目的の $x_{p0.8}$ が小さければ小さいほど多くの仕事量を要することがわかります。つまり、粉砕装置を選定するためには、どれくらいの量の原料を、どの程度小さくするかを十分に検討しておく必要があることをこの式は示しています。

金属やセラミックスのような無機物の場合、粒子径が小さければ小さいほど単位質量あたりの表面積が大きくなり、反応性、触媒特性など利点が現れますが、1 μmを切るような微小粒子を粉砕操作で得るのは難しく、むしろ気相合成法や液相合成法で作製するほうが効果的です。

一方、食品、医薬品、化粧品といった分野では、数μmまでの粒子を得ることが通常で、粉砕は効果的に活用されています。数μmまでの粉砕物を得る粉

図 2-3-1 ピンミル

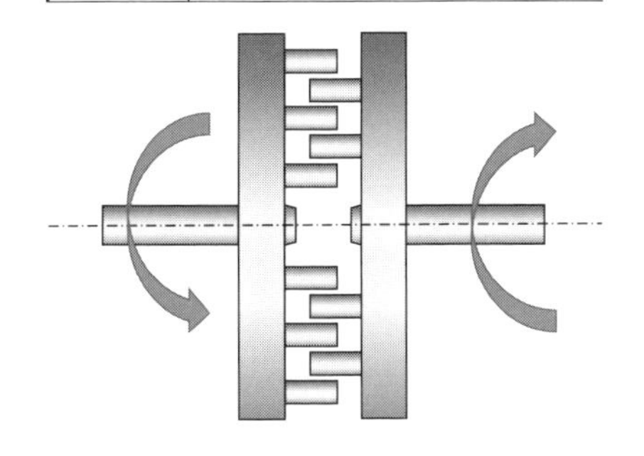

図 2-3-2 ローラーミル

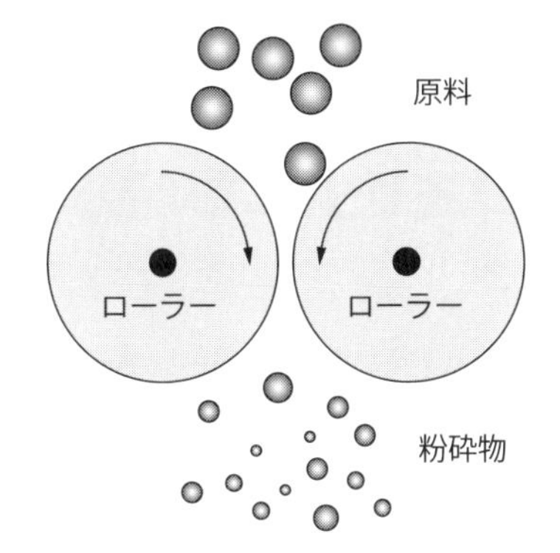

図 2-3-3 気流式粉砕機

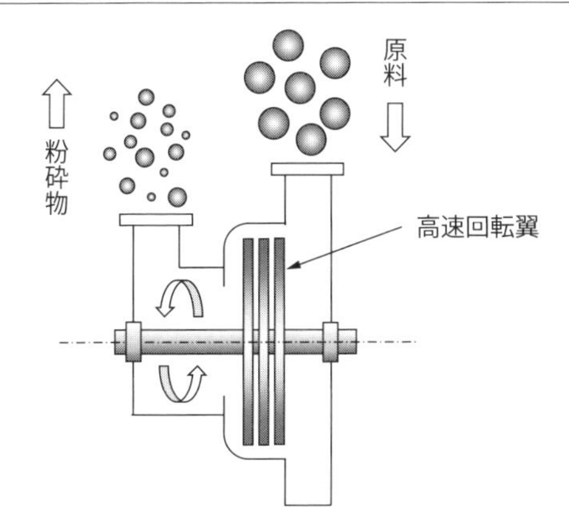

砕機は、さまざまなタイプがあり、ここではその一部をご紹介します。対向する円盤にピンを植え込んで、互いに逆向きに回転させるピンミル（**図2-3-1**）、軸方向をそろえた円筒を逆向きに回転させてその隙間に被粉砕物を投入するローラーミル（**図2-3-2**）、円盤を高速回転させ、気流の力や装置壁への衝突によって粉砕する気流式粉砕機（**図2-3-3**）などが挙げられます。

要点 ノート

数μmまでの微粉を物理的に得る手段として粉砕があります。数多くの種類の粉砕機が開発されています。

2. 3. 2

物理的に微粉体を作る

一辺が1 cmの立方体の表面積は、6 cm^2ですが、これを粉砕して、すべて一辺が10 μmの立方体になったとすると、表面積は6×10^3 cm^2となり1000倍になります。表面積が増えれば、それだけ反応活性が高くなったり、溶解度が高くなったりと、いろいろな利点が現れます。そこに粉砕を行う意義があります。

乾式で粉砕する方法では、粉砕に伴い凝集が起こり、ある程度細かくなると粉砕と凝集がバランスしてそれ以上細かくできないという粉砕限界があります。一般論として数μmといわれています。

凝集を防ぎながら粉砕する方法として、高圧の空気を吹き込んで、空気流が起こす剪断力で、粒子同士あるいは粒子と装置壁との衝突を起こして粉砕するジェットミル（jet mill）という粉砕機があります（**図2-3-4**）。空気流で粉砕するため、粉砕物の温度上昇を抑えるという効果もあります。粉砕機は、投入エネルギーの80 %以上が熱になるという試算もあるため、温度上昇を抑えながら粉砕ができることは大きな利点です。

図 2-3-4 ジェットミル

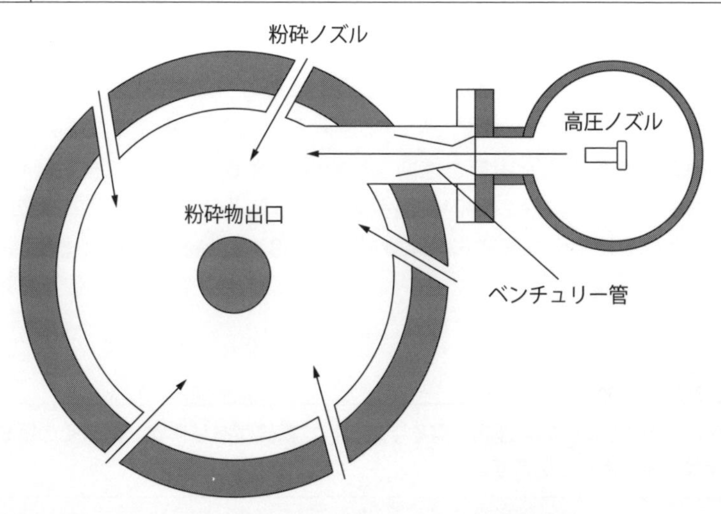

図 2-3-5 ボールミル

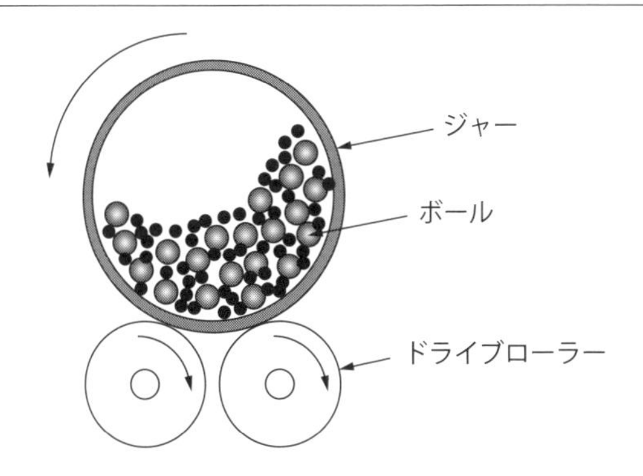

図 2-3-6 遊星ボールミル

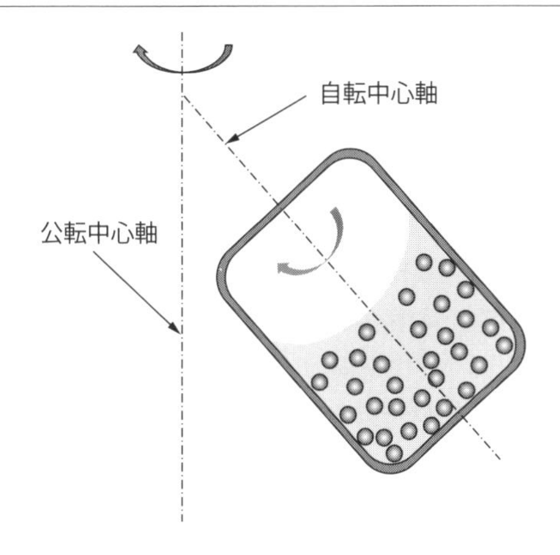

より大きな球形の媒体と一緒に砕料（粉砕原料）を粉砕すると効率が向上します（**図2-3-5**）。これをボールミル（ball mill）といいます。媒体の大きさは数mmのものがよく使われています。被粉砕物をエタノールなどとともに仕込むと20時間程度で数μmの粉砕物を得ることができます。

ボールミルは1軸の回転ですが、自転、公転を組み合わせて、遠心力で容器を回転させる遊星ボールミル（planetary ball mill；**図2-3-6**）を用いると、もう少し微粉化できます。

要点 ノート

粉砕操作では、微粉化していくと、粉砕と凝集がバランスして数μm以下にすることができません。

2. 4. 1

ミリサイズの分級

数mmから0.1 mm程度の粉粒体の材料を分級するには、篩い分けが一番よく使われています。2.1.2項において、篩い分け装置には、振動スクリーンとシフターの2種類あることをお話ししました。目開き1 mm以上の篩の場合、振動スクリーンがよく用いられます。振動スクリーンというのは、網面に対して垂直方向の振動を与えて篩い分けを行う装置です。

篩面上の粉体を篩い分けるには、粉体と篩面との間に相対運動を起こさせることが必要です。そのためには、重力加速度gに対する、振動あるいは円運動に伴って発生する遠心加速度$r\omega^2$の比Kが1以上になることが必要です。

$$K=\frac{r\omega^2}{g}$$

ここで、r[m] は振幅（シフターでは回転半径）、ω[s^{-1}] は角速度を表します。Kは無次元の値で、大きな値ほど篩の振動による遠心効果が大きいことを表します。

実用化されている篩い分け装置の振動数、振幅と遠心効果がどのような関係になっているかを**図2-4-1**に示します。上式の両辺の対数をとると振幅r[m]に対して角速度ωは両対数紙上で傾き－1/2の直線となります。切片に現れるKを媒介変数として振幅と角速度の関係を示しました。図よりわかるように、篩い分け装置は、比較的振動数が小さく、振幅の大きなシフターと呼ばれるグループと、振動数が大きく振幅の小さな振動スクリーンと呼ばれるグループに分類されます。Kが篩の振動による遠心効果を表すことから、図中左下の領域に実用化されている篩い分け装置がないことは理解できると思います。また実用化されている篩い分け装置は、振動スクリーンでもシフターでも$2<K<10$の範囲に設計されていることもわかります。

また、この領域の分級には重力式分級機も使われます。**図2-4-2**に重力式分級機の一例を示します。粗大粒子（粗粉）は沈降速度が大きく一番手前のホッパーに落下し、順次、細粉、微粉と採取されます。排気口からは滞留時間内に落下しなかった微粒子が出ていきます。集塵装置として考えると、前段に重力式の集塵装置を置き、排気口から出ていく微粒子を電気集塵装置やバグフィル

図 2-4-1 工業用篩装置の振動数・振幅・遠心効果の関係

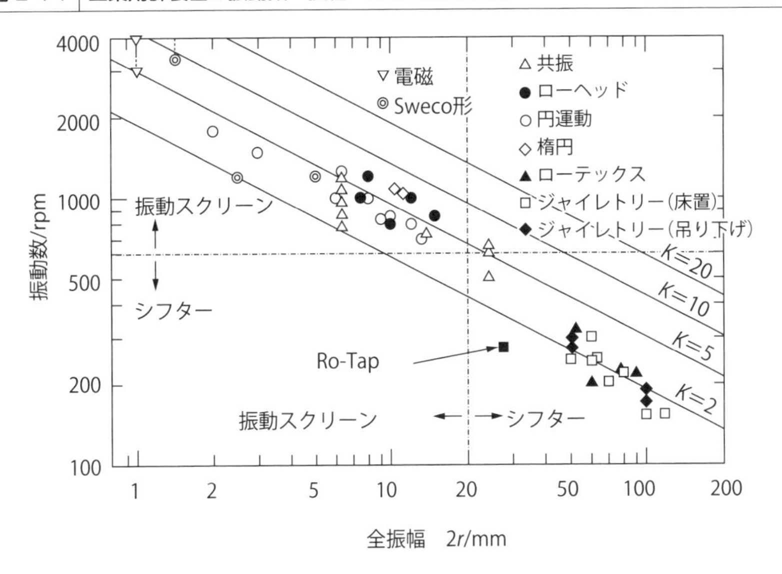

図 2-4-2 重力式分級機の一例

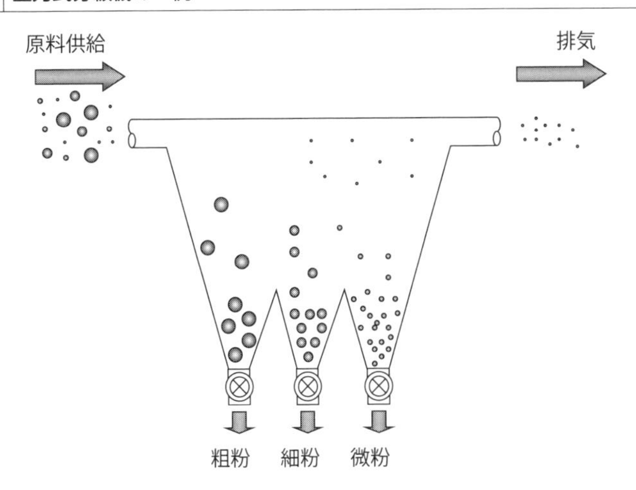

ターで捕集することで、高効率で持続可能な集塵を達成することができます。

要点 ノート

ミリサイズの粉体の分離は、篩い分けや重力式分級機が用いられます。

2. 4. 2

ミクロンサイズの分級

粒子径が0.1 mm以下で、数μm以上の範囲の分級は、粉体工学の力を一番感じられる領域です。この粒子径範囲では篩い分けによる分級（classification）は難しくなります。代わって採用されるのは、遠心力を利用した分級機や慣性力を利用した分級機です。

遠心力は、自由渦（free vortex；接線方向に空気流を導入）ないし強制渦（forced vortex；回転羽根で遠心場を形成）で発生させ、発生させた渦流により粗粉は外周に微粉は中心に移動することを利用した分級技術です。自由渦に近い分級機の代表は2.2.1項でご紹介したサイクロン（cyclone separator）です。粉体を含んだ気流は円筒形の装置に対して接線方向に導入され、円筒装置内で渦流を形成します。粗大粒子は遠心力で壁側に移動し下から粗粉として回収され、微粉は渦流に乗って上方から排出されます。サイクロンは集塵器としてはよく使われますが、装置内部の流れの乱れがあるため、分級装置、分離装置としては十分な性能を発揮することができません。

渦流を、高速で回転する羽根を用いて発生させ、より強い遠心力を発生させるのが強制渦式空気分級機（forced vortex type classifier）です。**図2-4-3**にその一例を示します。中心上方から粉体を含んだ気流を導入すると気流は羽根による遠心力で外側に移動し、粗粉は外側に移動し排出されます。一方微粉回収側からファンを用いて吸引することで、微粉は気流に乗って微粉側に移動し回収されます。この装置の特徴は、回転数、吸引風量によって分級する粒子径を調整することができることです。

図2-4-4は慣性力分級機（inertial classifier）の一例を示します。原料粉体①は、圧縮空気②によって導入されます。一方、流路③④から排気流路⑤⑥⑦に向かう気流が交差しています。圧縮空気は壁面に沿って流れる性質（コアンダ効果）があるため流路⑤に沿って流れます。コアンダ効果（Coandă effect）というのは噴流を発生させると流体の粘性により周囲の流体を引き込む効果が表れますが、近くに壁（装置壁）があり、引き込まれるべき流体がない場合は噴流が壁に向かって移動する現象です。

微粉はこの流れに乗って排出されます。また、粗粉は慣性力のため流路を曲

図 2-4-3 強制渦式空気分級機の一例

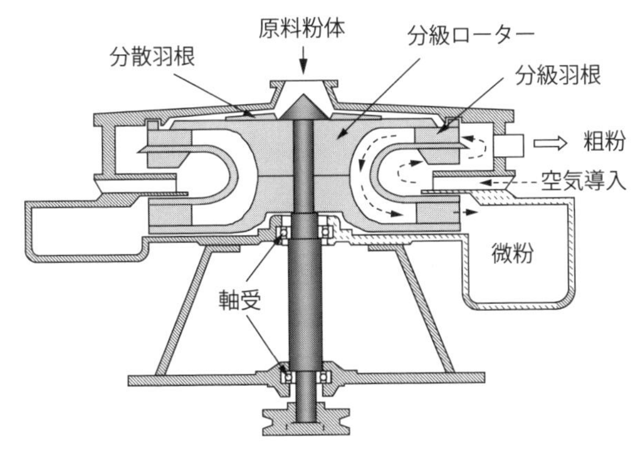

(出典：日清エンジニアリング株式会社)

図 2-4-4 慣性力分級機の一例

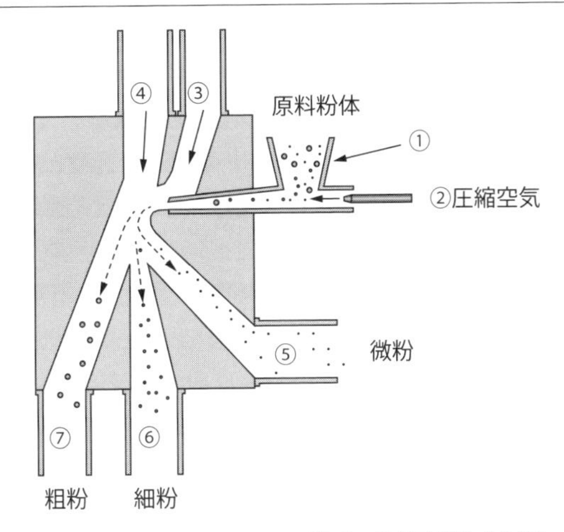

(出典：日鉄鉱業株式会社)

がり切れずに流路③、④からの流れに乗って流路⑥、⑦から排出されます。図2-4-4の場合、3種類の画分を得ることができます。この装置の特徴は、第一に装置内部で可動部がないことです。また、図2-4-4よりわかるように2次元的な分級システムですので、厚み方向に延ばしてスケールアップを容易に行うことができます。

要点 ノート

ミクロンサイズの分離では、遠心式分級機や慣性力分級機が効果的です。

2. 4. 3
サブミクロンサイズの分級

近年の分級技術の進歩は目覚ましく、前項で述べた遠心力や慣性力を用いた分級装置を用いて、50％分離径を1 μm以下に設定することができるようになりました。

しかしながら、0.1 μmを切るような分級や分離は、遠心力や慣性力では限界があります。

これくらいの領域ですと、化学反応を用いて粒子を生成するほうが効率的ですが、静電気による粒子の移動は0.2 μm以下で速くなることを利用した分離方法があります。

外部電界E［V·m^{-1}］の中で帯電した粒子（粒子径x［m］）にはクーロン力と移動に伴う媒体の粘性抵抗が働くと考え運動方程式を立てると、1階の線形微分方程式となり、2.2.2項で導いたように事実上一定速度vで移動します。

$$v=\frac{neC_cE}{3\pi\mu x}=zE$$

ここで、eは電子の電荷（$=1.602\times10^{-19}$ C）、n［－］は帯電数、C_Cはカニンガムの補正係数を表します。電界Eの係数をひとまとめにしたzを電気移動度と呼びます。粒子径が0.2 μm以下になると、粒子やイオンの熱運動による帯電量が電界による帯電量よりも大きくなります。また、これくらい微小粒子の領域では、媒体からの粘性抵抗が連続的でなくなり、粒子表面で媒体分子のすべりが起こり、見かけの粘性抵抗が小さくなります。その程度をカニンガムの補正係数で修正しています。この両者の効果により電気移動度が大きくなり、電界下での微小粒子の分離・捕集が速やかに行われます。

エアロゾル工学の分野では、この原理を利用した分離装置が実用化されており、粒子径や濃度の解析に用いられています。**図2-4-5**に実用化されている分離装置の概略図を示します。図中（1）は積分型と呼ばれるもので、電気的エアロゾル解析装置（EAA：Electrical Aerosol Analyzer）として市販されています。装置上部から導入されたエアロゾルはコロナ荷電部で帯電します。一方、清浄空気が下方より導入され、捕集管の中心部分を抜けてエアロゾルの流れと合流します。移動度解析部では直流電圧がかけられており、その外部電界

図 2-4-5 静電気を利用した分離装置の構造

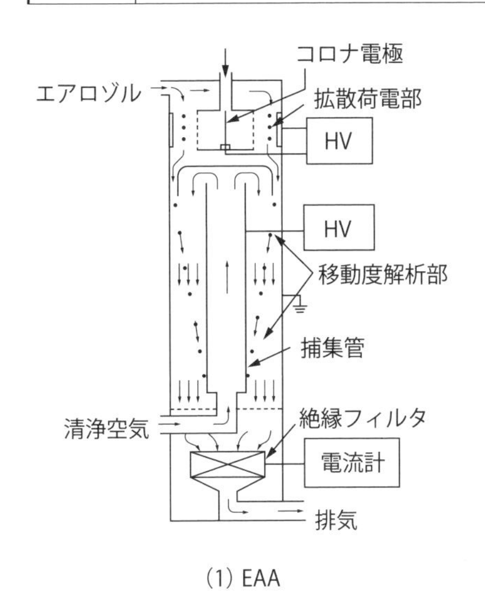

(1) EAA

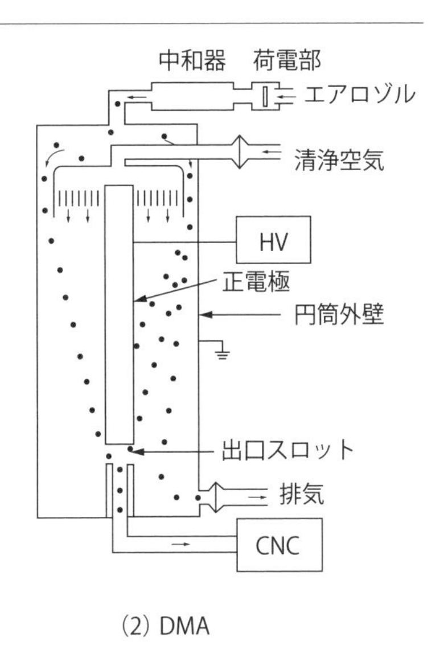

(2) DMA

に応じて上式に従って軌跡が変化します。移動度の大きな粒子は捕集管に沈着し、それ以外はフィルターを通じて外部に排出されます。

図中（2）は微分型と呼ばれているもので、微分型移動度解析装置（DMA：Differential Mobility Analyzer）として市販されています。同伴空気とともに導入されたエアロゾルは、コロナ荷電や放射線の照射により電荷を与えられます。また清浄空気が捕集管回りに流されています。捕集管と外壁円筒間に直流電圧をかけ粒子を移動させます。移動度の大きな粒子は捕集管に沈着し、小さな粒子は排気されます。操作条件の流量および電圧に見合った粒子のみが下方の出口管を通過して凝縮核計数器（CNC：Condensation Nucleus Counter）に送り込まれ、粒子数が計測されます。

これらの分離装置では、電気移動度から換算される相当径が求められ、相当径で約10 nmから1000 nm程度の範囲の粒子の分離が可能です。現在は、エアロゾルの分野での解析に用いられていますが、分離装置としての可能性は今後の課題といえます。

要点 ノート

1 μmを切るような微粒子の分離に、遠心式が適用され始めていますが、この領域では静電気の力を利用した分離が適しています。

2.4.4

分級・分離性能を数値化する：ニュートン効率

図2-4-6に示すように、ある分離装置を用いて原料を有用画分と不要画分に分けることを考えてみます。粉体には付着性がありますし、分離装置内部の空気の流れも分離機構も理想的とはいえませんので、どうしても有用画分の中に不要成分（ここでは小粒子）が混入してしまいます。

装置の性能を表すため、理想的な分離操作からどれくらい偏っているかを数値で表すことはたいへん重要です。ここである粒子径のところで分離することを考え、大粒子側を有用成分、小粒子側を不要成分とし、分離装置で有用画分と不要画分に分けることを考えると、有用画分がすべて有用成分とはならないので、分離効率ηとして次のような式を考えてみます。

$$\eta = [\text{有用成分回収率}] - [\text{不要成分残留率}]$$

$$= \frac{[\text{有用画分中の有用成分}]}{[\text{原料中の有用成分}]} - \frac{[\text{有用画分中の不要成分}]}{[\text{原料中の不要成分}]}$$

この式は、ニュートン効率（Newton efficiency）と呼ばれ、理想的な分離操作に対する実際の分離結果の達成度を0から1の間の数値で表す方法です。まったく分離していないと0、完全に分離が達成できている場合1を表す尺度です。少しわかりにくいかもしれませんが、一般的に用いられている回収率、すなわち上式の第1項だけで分離効率を表そうとすると、何も分離していなくてもある数値となり、分離ができているかのような印象を与えてしまいます。まったく分離が行われていないような場合、ニュートン効率では0と評価できるため、実質的な分離効率として有用な式です。

図2-4-6において、原料W_0[kg]から有用画分W_1[kg]と不要画分W_2[kg]が得られたとします。ここで、原料中の有用成分の含有率をX_0[-]、有用画分側の有用成分の含有率をX_1[-]とすると、ニュートン効率は次式で与えられます。

$$\eta = \frac{X_1 W_1}{X_0 W_0} - \frac{(1-X_1) W_1}{(1-X_0) W_0}$$

上式は分離装置だけではなく分級装置でも使える便利な式です。ここで物質

図 2-4-6 分離装置と分離効率

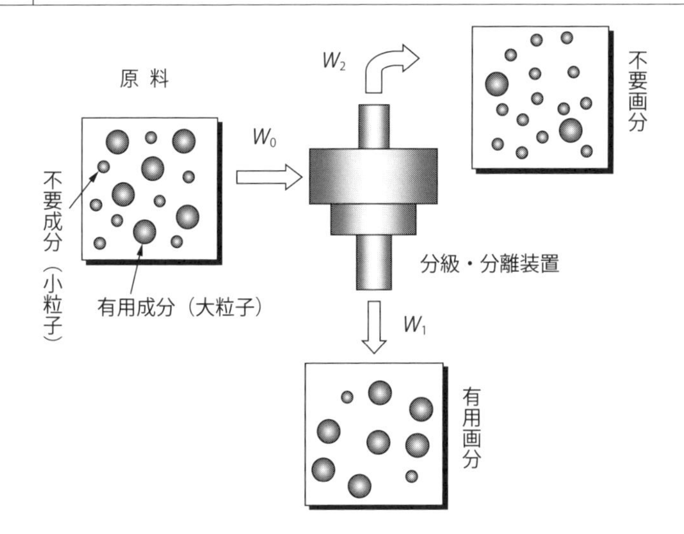

収支から、

$$W_0 = W_1 + W_2$$

また、不要画分の有用成分の含有率をX_2［－］とすると、有用成分の物質収支から、

$$X_0 W_0 = X_1 W_1 + X_2 W_2$$

となります。上の2式を連立させると次式が得られます。

$$\frac{W_1}{W_0} = \frac{X_0 - X_2}{X_1 - X_2}$$

上式をニュートン効率の式に代入すると、W_0およびW_1を消去することができ、次式が得られます。

$$\eta = \frac{(X_1 - X_0)(X_0 - X_2)}{X_0(1 - X_0)(X_1 - X_2)}$$

上式は、供給量や分離後の質量を測定することなく、含有率だけのデータからニュートン効率が求められることを意味しています。

要点 ノート

性能を適正に評価するためにはニュートン効率が適しています。単なる回収率だけでは何もしなくてもある程度の分離効率が出てしまいます。

2.5.1

粉を運ぶ：ニューマチック輸送

粉体を移動させる手段としては、まず、ベルトコンベアなどの機械式コンベアが考えられますが、ベルトからのこぼれ、粉体が駆動部に付着して不具合を起こすなど、必ずしも粉体の移動に適しているとはいえません。

そこで粉体技術では、粉体を空気と一緒に搬送するニューマチック輸送装置（pneumatic conveying system）が活用されます。ニューマチックという言葉は、「空気の力を利用した」という意味です。よく空気輸送とか空気搬送という言葉が使われますが、これらの言葉は「空気を運ぶ」という意味にも取られかねないので、本書ではニューマチック輸送ということにします。

操作条件として、粉体粒子の質量流量をW_p、空気の質量流量をW_aとすると、

$$\mu = W_p / W_a$$

で定義した混合比（loading ratio, mixture ratio）がよく用いられます。一般に、$\mu < 30$を低濃度（あるいは低混合比）輸送、$\mu > 30$を高濃度（あるいは高混合比）輸送と呼んでいます。

また配管系を含めた装置全体の圧力損失Δpの値に応じて、$\Delta p < 15$ kPaを低圧輸送装置、$\Delta p = 15$～150 kPaを中圧輸送装置、$\Delta p = 150$～800 kPaを高圧輸送装置と呼んで、それぞれ設計指針が提示されています。

実際のニューマチック輸送装置は**図2-5-1**に示すように、空気源機械が輸送系統の終わりに置かれる吸引式、および、始めに置かれる圧送式の2種類が考えられます。

吸引式は、ターボファンなどの送風機を空気源機械として、低濃度、低圧輸送の条件で採用されます。

圧送式は、ルーツブロワのように高い押し出し圧力（一段で120 kPa程度）を出すことができる送風機を使えば低濃度、中圧輸送の条件で採用されます。ルーツブロワとは、**図2-5-2**に示すように、まゆ型ローターを互い違いに回転させて、高い密閉性を維持しつつ高い送風量を発生できる送風機です。さらに、空気源機械としてエアコンプレッサーを使えば、高濃度、高圧輸送が可能です。

図 2-5-1 ニューマチック輸送の方式

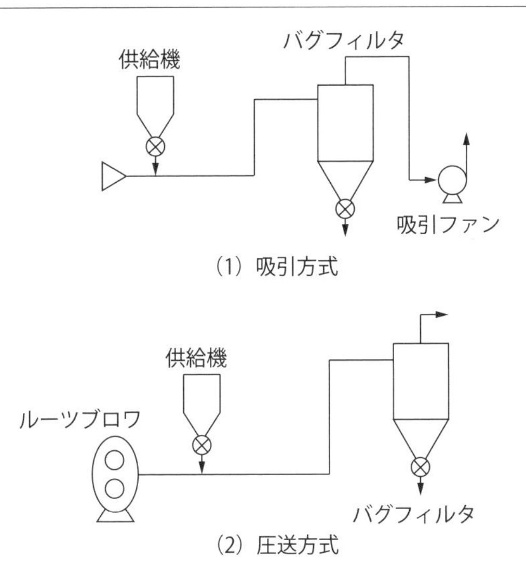

（1）吸引方式

（2）圧送方式

図 2-5-2 ルーツブロワの内部構造

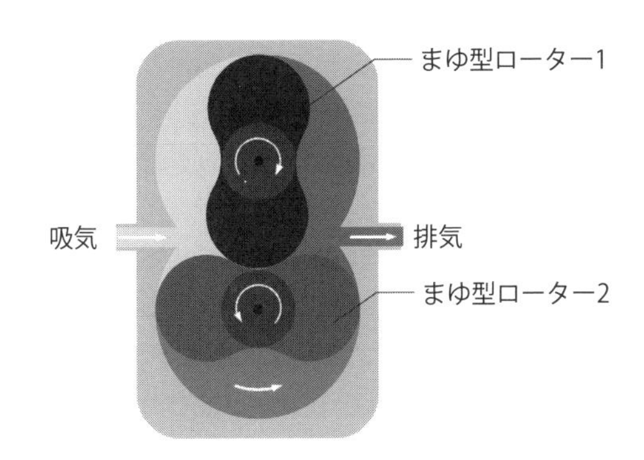

実際の輸送装置では、輸送管の直径は20～400 mmが多く、輸送量は250 t/h以下、輸送距離は最大で2000 mにも達する施工事例があります。

要点 ノート

粉体は、系外へのこぼれや外部から汚染を防ぐため、空気の力で搬送するニューマチック輸送が適しています。

2.5.2

粉を供給する：フィーダー

粉体材料は粒子径に分布があり、付着性があり、時には偏析を起こすことをお話ししてきました。また、分級装置、分離装置、粉砕装置に粉体を供給するには、脈動がなく、一定の流量で供給しなければ、装置本来の性能を達成できません。したがって、粉体の供給装置（フィーダー）はたいへん重要な粉体機器であることを認識してください。

粉体のフィーダーに求められる条件は、次の5つです。

①要求仕様に対応する定量性があること

②運転動力が小さいこと

③設置空間が小さいこと

④摩耗部分が少ないこと

⑤取り扱い、保守が容易であること

最後の項目については、粉体が装置壁に固着したり、異種粉体を供給する場合に汚染（コンタミネーション）を起こしたりすることがあるので、分解・組み立てが容易で、かつ洗浄しやすい構造が求められます。

図2-5-3はスクリューフィーダー（screw feeder）です。回転軸に設けられたスクリュー羽根が回転することで、供給口から落下した粉体材料を一定の体積ずつ移動させ、排出口に送り出す装置です。

図2-5-4はロータリーフィーダー（rotary feeder）です。回転軸に放射状に設けられた羽根が回転することで供給口から一定の体積ずつかき取り排出口にもっていく装置です。このフィーダーは、回転羽根と羽根ケースの隙間が小さいため、フィーダー前後の圧力差を維持できることからエアシールの機能ももっています。このことから、このフィーダーはロータリーバルブとも呼ばれます。

図2-5-5はテーブルフィーダー（table feeder）です。テーブルが回転しており、ホッパー（テーブルとホッパー下端の間に隙間がある）から重力で落ちてきた粉体材料を放射方向に移動させ、一箇所に設置したスクレーパー（かき取り板）により排出する装置です。

いずれの装置も扱う粉体材料が非圧縮性で非付着性の粉体でしたら定量的に供給することができるのですが、一般に粉体材料は、圧縮性があり、付着性も

図 2-5-3 スクリューフィーダー

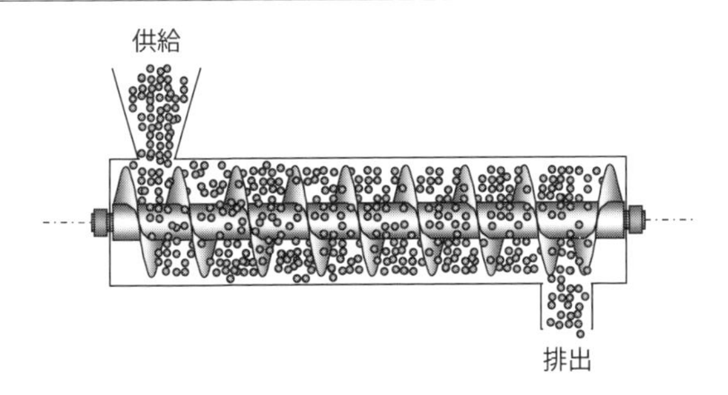

図 2-5-4 ロータリーフィーダー

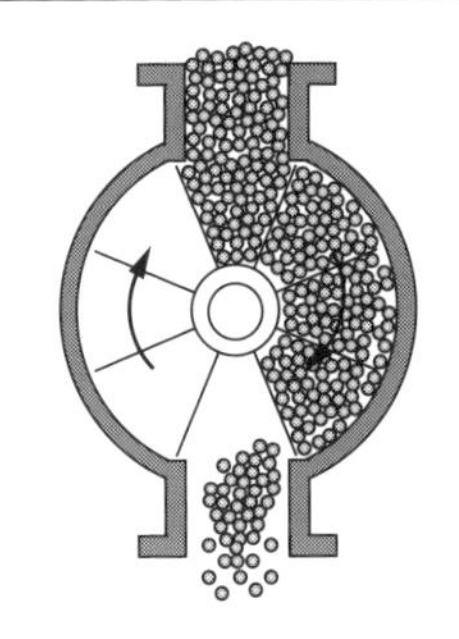

図 2-5-5 テーブルフィーダー

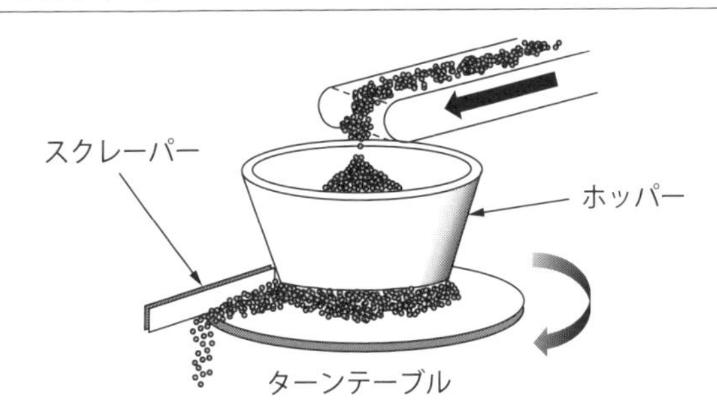

あるので、これらの装置では安定して定量供給することが困難です。

この対策としては、付着性および凝集性を軽減するため、バイブレーターや電磁気的振動を与えて、粉体粒子群を流動状態にして供給することが第一に挙げられます。

要点 ノート

粉体を定量的に供給することは重要です、さまざまな原理に基づいた数多くの供給機が開発されています。

2.5.3
造粒する

❶複合成分粉体の課題

粉体には、付着力、閉塞、偏析といった特異な現象があることをお話ししてきました。医薬品、食品、化粧品で粉末状のものはたくさんあります。これらの製品を製造する場合にも粉体特有の現象が妨げになることは数多くあります。

たとえば、複数の成分を混合して得られる医薬品、食品、化粧品では、偏析が起こると製品の組成が変わってしまい、製品の薬効、風味、調理特性、色調、被覆力が変わってしまい、品質上の大きな問題となります。また、粉体の流動性が悪いと、袋詰めで一定の充填量にならないといった問題も起こります。

❷造粒の効果

こういった課題に対して、一つの解決策として、複数成分を固めて見かけのサイズを大きくすることが行われます。これを造粒操作と呼びます。**図2-5-6**は複数の成分を造粒して1ミリ弱の粒状にしたものの走査型電子顕微鏡写真です。すべての粒を同じ組成にすることができますし、ミクロンサイズの原料粒子は付着性が高く流れにくいものでも、1ミリ弱の粒子に造粒することで、付着力よりも自重が大きくなるため、流動性が高くなり、輸送にあたって閉塞しにくくなります。また、サイズをそろえておけば偏析も起こりにくいため、包装材に充填しやすく、また、医薬品であれば服用もしやすくなります。

❸造粒工程

造粒物を作るにはいろいろな方法がありますが、一番多く使用されるのはスプレードライヤー（spray dryer）という噴霧乾燥装置です。**図2-5-7**にスプレードライヤーの概略図を示します。粉体を溶媒に懸濁させたものをスプレードライヤー本体に噴霧します。噴霧液は装置内部を落下する間に乾燥し、造粒物ができます。造粒物を壊さないようにニューマチック輸送し、サイクロンで造粒物を捕集します。微粉を含んだ排気はバグフィルターを通過させることで微粉が除去されます。溶媒も凝縮器で回収し、原料ラインに戻されます。

造粒物を作る装置はほかにもあって、パンコーター（pan coater）といっ

図 2-5-6 医薬品の造粒物

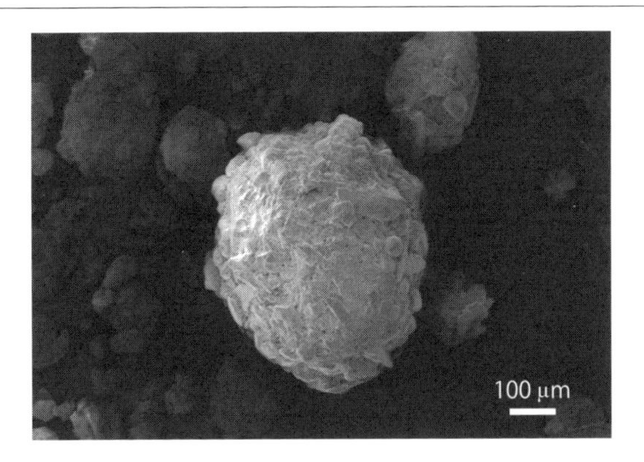

図 2-5-7 スプレードライヤー

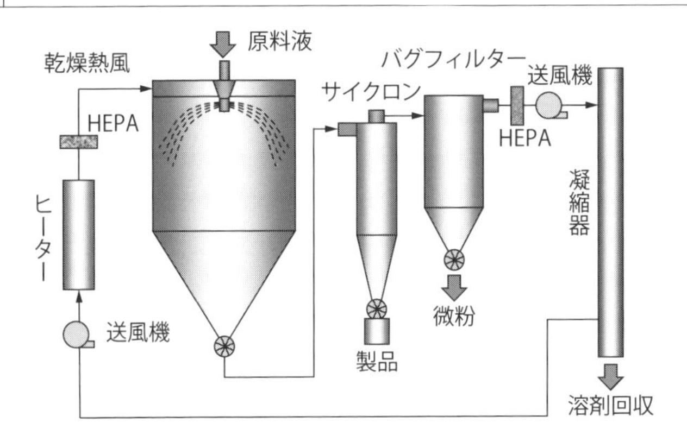

て、フライパン状のものを傾斜させて回転させることでパンコーター内部の粉体が回転混合し、造粒されていきます。お菓子の金平糖も同じ原理で造粒しています。種となる粒子の表面に原料の粉体がどう付着していくかについては研究されていて、表面の凹凸の凸部分に優先的に付着していくことがわかっています。その結果、金平糖は表面に角がたくさん生えたようななんともかわいらしい形になるのです。

要点 ノート

凝集しやすい粉体をあえて凝集させて大きな粒子にすることを造粒といいます。流動性の改善だけではなく、組成を均一にすることができます。

2.5.4

流動層と噴流層

粉体は微粉化することで表面積が増え、化学反応性が向上します。ただし、粉体層が固定化されていたり、ひどい場合には固結したりしていると、十分に反応が進行しません。そこで、粉体層を流動状態にする必要があります。また、粉体層全体を乾燥させたり、表面に第二の物質を被覆したりするような場合にも流動状態にする必要があります。

❶流動層

いま、**図2-5-8**①のように容器内に粉体材料が充塡されている状態を考えます。容器底部に多孔質板を配置しておき、下方から多孔質板を介して上方に向かって気体（空気や反応ガス）を送り込みます。当初は、充塡層の隙間を縫って空気が上昇しますが、空気量が多くなると粒子の重力や付着力よりも空気流による上向きの粘性抵抗が大きくなり、粒子は浮遊状態になります（**図2-5-8**②）。さらに空気量を増やすと**図2-5-8**③のように気泡が発生するようになります。この状態では粉体層は自由流動状態で、気泡の発生により混合も良好な状態になります。しかしながら、それ以上空気量を増やすと、**図2-5-8**④に示すようにスラッギングといって、気泡が装置断面全体に及ぶようになり、完全混合の状態から逸脱します。このような状態ですと圧力変動が大きく、安定した運転が不可能となります。

以上のことから、図2-5-8③の状態を維持するように操作することで、粉体粒子表面上での反応を至るところ均質に進行させることができます。このような装置を流動層（fluidized bed）と呼んでいます。

❷噴流層

取り扱う粒子の付着性が強く、流動性がよくない場合には、うまく流動状態にすることができないことがあります。そのような場合、層底部から高速で気体を流入させて、粉体層中央部に噴流を形成させ、周囲は下降流になるように調整すると流動状態を維持できるようになります。これを噴流層（spouted bed）といいます。**図2-5-9**に噴流層と流動層の内部の流動状態の違いについて比較しています。右側（2）の噴流層では、中心部分に上方に突き抜ける噴流部分があり、周囲にゆっくり下降する移動層がみられます。これに対して、左側（1）

図 2-5-8 流動層内部の状態

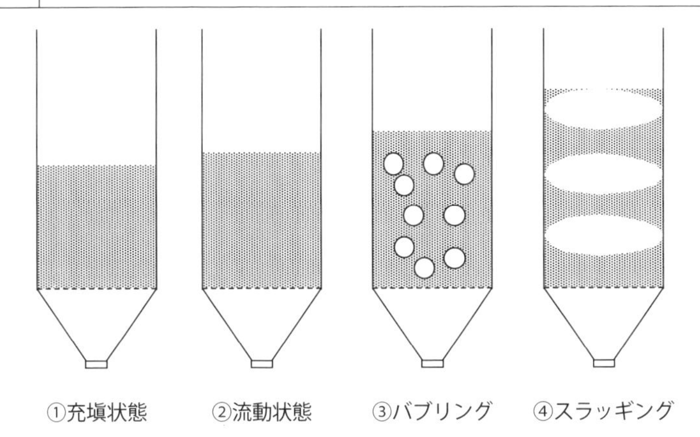

図 2-5-9 噴流層と流動層

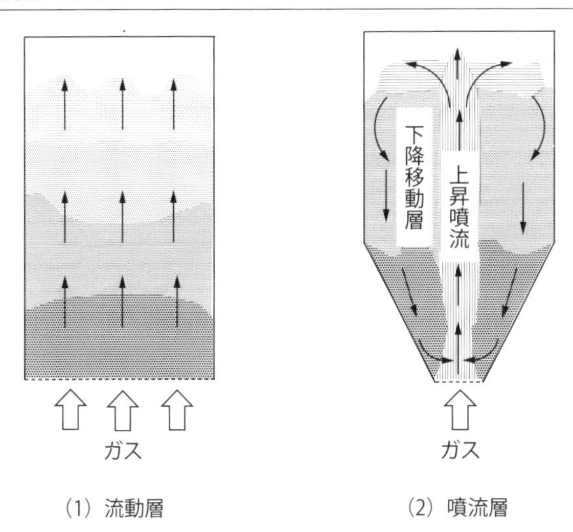

の流動層では全体的に均一にガスが移動していきます。噴流層は付着性の高い粉体でも取り扱うことができるため、湿潤粉体の乾燥や造粒操作に用いられます。

要点 ノート

粉体と気体の反応性を高めるため、充填層を流動状態にする流動層があります。また付着性の高い粉体の流動状態を改善するため噴流層があります。

2. 6. 1

基本的な考え方

粉体を扱うメーカーや粉体機械を設計・施工する企業に入ると、まずは現場の作業から研修が始まります。粉体技術者の卵である皆さんの多くは、大学で機械の取り扱いを学ぶことはほとんどありません。近年は機械工学出身でも大学時代は計算機シミュレーションしかやってこなかった人も多いようです。

筆者も大学を出たてのころ、現場で先輩社員がボルトを目いっぱい締めているのを真似していました。当然のことながらボルトの首はちぎれてしまい、逆ネジのタップを切ってタップホルダー（**図2-6-1**）でボルトを抜くというたいへんな作業を強いられました。そういった苦労をした結果、ボルトにはいろいろなサイズがあり、強度によって選択されていること、また、六角ボルトだけではなく、六角穴付きボルト、アイボルト、シールアップボルトなど使い分けができること、さらには、一般構造用圧延鋼材（SS400）だけではなく、機械構造用炭素鋼材（S35Cなど）、ステンレス鋼（SUS304）などいろいろな材質があり、それぞれの特徴を理解して使用する必要があることを学びました。

図2-6-2に鉄鋼の応力ひずみ線図を示します。横軸はひずみ（単位長さあたりの変形量：無次元）、縦軸は応力（単位面積あたりの力：単位はPa）を示します。金属は力を入れすぎると降伏といって永久ひずみが起こる点があります。降伏点は材質によって値が異なります。このことは、ボルトを締める力には、ゆるみにくく、かつ塑性変形を起こさない適正な値があることを意味します。

また、筆者が粉体機器の開発をしていたころ、同僚が回転体の羽根の形状を最適化するため、いろいろな種類の羽根を試作し、円盤にボルト止めをして回転試験をしていたのですが、羽根を円盤に固定していたボルトがちぎれ、遠心力で飛び出し、回転機械の壁を突き破って外に飛び出すという事件が起こりました。幸い、けが人は出なかったからよかったものの、一つ間違えば大事故になるところでした。これは、回転円盤に羽根をボルトのみで固定していたために起こったことによるもので、回転円盤と試作羽根は**図2-6-3**に示すようにインロー嵌合（かんごう）と呼ばれる噛み合わせ構造にして、万一、ボルトが切断しても遠心力で飛ばされないようにしておく設計が求められます。

この節では、機械要素技術の基本中の基本をまとめてみました。これを出発

図 2-6-1 タップとタップホルダー

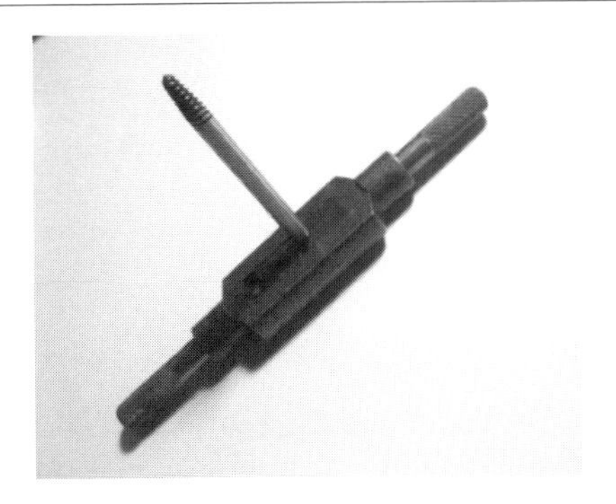

図 2-6-2 鉄鋼の応力ひずみ線図

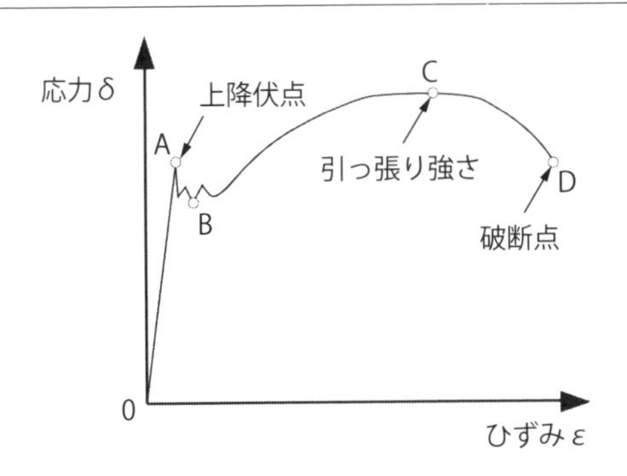

図 2-6-3 回転体のインロー嵌合

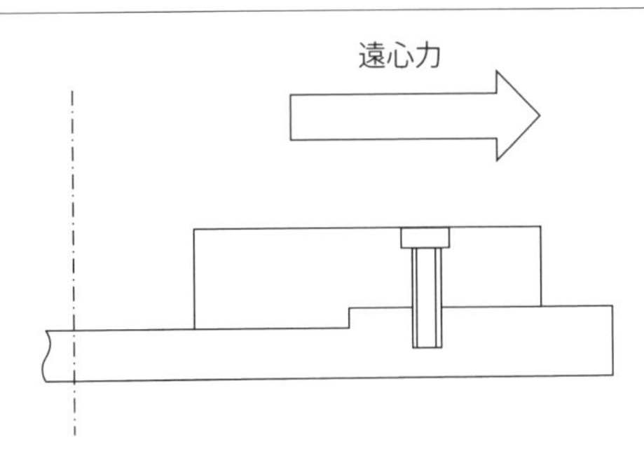

点として、現場でしっかり学び、よりよい粉体機械の設計や操作に役立てていただきたいと思います。

要点 ノート

粉体技術をひとととおりマスターしたら機械の基本について学びましょう。

2. 6. 2

締結

読者の皆さんは、おそらく技術系の勉強をされていたと思いますので、金属には弾性限界、降伏点があることなどよくわかっておられることと思います。ところが、実際にボルトを締めるとなるとそういった知識がどこかに飛んでしまうのはなぜでしょうか。

締結というのは、ボルト・ナットの締め方の技術のことです。一般的な普通材の六角ボルトを考えてみると、標準締め付けトルクという数値があり、だいたい降伏点の60〜70％程度のトルクが推奨されています。

表2-6-1にメートルねじの標準締め付けトルクを示します。同表には、各々のボルトに対する六角の二面幅が記載されており、締め付けに際してはこの幅に見合った組スパナを用います。このとき組スパナを持った手にどれくらいの力を加えると標準締め付けトルクになるか考えてみたいと思います。

組スパナを握ったとき、力点から作用点までの長さを「アームの長さ」とすると各スパナのアームの長さはおおよそ**表2-6-2**に示すような値となります。この値と表2-6-1の標準締め付けトルクの値から必要な力を計算してみました。M6の場合、6.4 kgWというのは、スパナを指でつまんで手首のひねりで締める程度に相当します。したがって、M6のボルトを締め付けるのに、アームの長さが25 cm程度の自在スパナを使うと標準トルクの3倍近いトルクで締め付けることになってしまいます。

M8〜M10は、スパナを握って肘の力で締める力に相当します。M12〜M14は、スパナを握って腕の力で締める力に相当します。これ以上の規格のボルトになるとスパナも大きくなり、体全体を使って締め付けるテクニックが求められます。

以上の検討結果を実際の作業で見てみると、**図2-6-4**のようになります。組スパナを使えば、軽く握るだけで必要なトルクが得られるようになっていることがわかります。高張力鋼やステンレス鋼は普通材の120％以上の強度をもっていますが、気をつけなければならないのは、ステンレス鋼には加工硬化という現象があることです。ステンレス鋼は塑性変形領域では、脆くなりやすくなる性質があり、結果として破断しやすくなります。したがってステンレスボルトは、ト

表 2-6-1 六角ボルトと標準トルク

ボルトの規格	六角の二面幅/mm	標準締め付けトルク/N·m
M6	10	6.4
M8	13	13.5
M10	16	28
M12	18	49
M14	21	80
M16	24	120
M20	30	240

表 2-6-2 組スパナの種類と締め付け力

ボルトの規格	組スパナの種類	アームの長さ/cm	必要な力/kgW
M6	10	10	6.4
M8	14	14	9.6
M10	17	14	20
M12	19	16	31
M14	21	17	47

図 2-6-4 M6 ボルトの正しい締め付け方

左：軽い力で適正締め付け力を発生できる

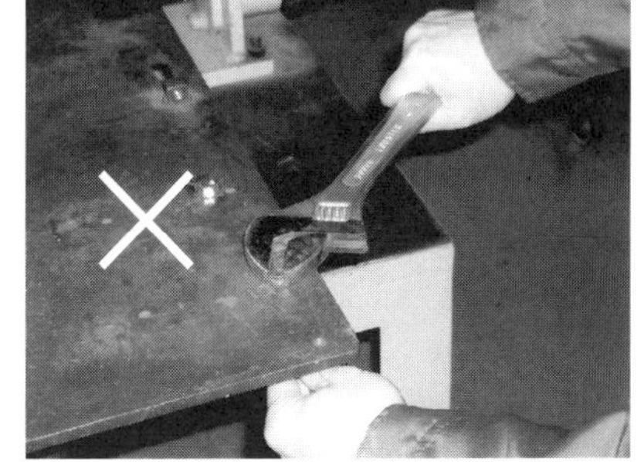

右：明らかに過剰トルクで締め付けている

ルクレンチを使うなどして標準締め付けトルクをより強く遵守することが必要です。

要点 ノート

機械の取り扱いの基本はボルトを締めたりゆるめたりする技術です。適正トルクという概念を覚えましょう。

2.6.3 ゆるみ止め

実際の機械では、振動の多いところや温度の変化が大きいところでの締結を必要とする場合があります。その場合、標準締め付けトルクを遵守するだけでは不十分で、さらにいろいろなゆるみ止めテクニックが求められます。

ここではいろいろなボルト・ナットのゆるみ止め技術をご紹介し、設備稼働率の向上、安全性の向上を図りたいと思います。

最も一般的なゆるみ止め技術は、**図2-6-5**に示すようなバネ座金です。図中右側が締め付けた状態です。バネの復元力をボルト・ナットの締め付け力に使うという原理から考えて、振動の多い箇所での使用には適していません。また、金属疲労という観点から、ボルト・ナットよりも頻繁に交換しなければなりません。

図2-6-6は舌付き座金です。座金に舌が1枚ないし2枚ついていて、この舌をボルトないしナットに合わせて曲げます。ボルト固定箇所が装置の縁にあたる部分の場合は縁に沿って舌を曲げると、ゆるみの状況が目で見てわかるため、たいへん便利です。舌を曲げるという作業を伴うため、繰り返し使用は避け、使い捨てにするのがよいでしょう。

ダブルナットはたいへん効果的なゆるみ止め技術です。ダブルナットは止めナットともいい、産業機械から鉄骨構造物まで広く使われています。ダブルナット技術は、ナットを二重に締めることだと思っている人が意外に多いので、ここで使い方をまとめておきます。まず1個目のナットを適正トルクで締め付けます。続いて2個目のナットを適正トルクで締め付けます。この後、2個目のナットにスパナをかけて固定しながら、1個目のスパナに別のスパナをかけて、反時計回りに、つまりナットにとってはゆるめる方向に少し（角度で10°から20°くらい）回転させます（**図2-6-7**）。この操作により、ナット同士が突っ張り合い、その結果としてネジ山に強い摩擦力が発生します。

ダブルナットの発展版として、ダブルナットの互いに接触する面の一方をクサビ型の凸、他方をクサビ形の凹とし、ダブルナット動作をすると接触するクサビ面で強い摩擦力が発生するという優れたナットが開発されています。HLNハードロックナット（ハードロック工業株式会社）という商品名で入手することがで

図 2-6-5 バネ座金

図 2-6-6 舌付き座金

図 2-6-7 ダブルナット

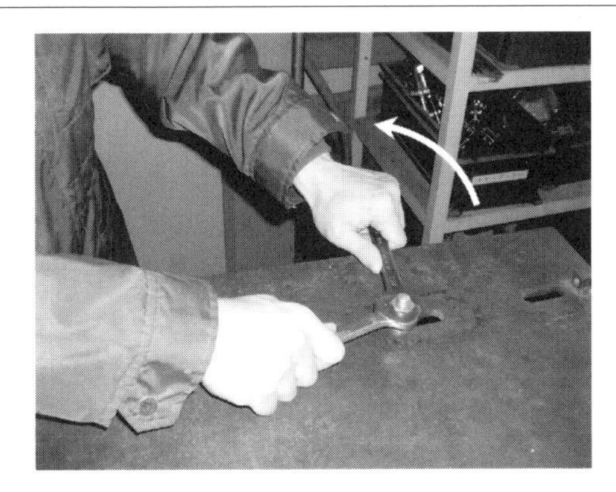

きます。これはダブルナットがいかに有効なゆるみ止め技術であるかを物語っています。

そのほかにネジロック剤という接着剤があります。これはよく効くものの、繰り返し取り外しを行うボルト・ナットには、使いづらいのが欠点です。ロックタイト（ヘンケルジャパン株式会社）という商品名で入手可能です。

ボルト・ナットのゆるみは大事故につながることを肝に銘じて、ゆるみ止め対策を立てていただきたいと思います。

要点 ノート

現場の機械では、振動や温度変化の影響により、ボルトのゆるみは必ず起こります。適正なゆるみ止め技術を活用しましょう。

2. 6. 4
軸と軸受

軸受の選定法は多くの専門書や軸受メーカーの技術資料に記載されているので、それらに譲るとして、適正な軸受が選択された後の留意事項について述べてみたいと思います。

軸と軸受のサイズ関係を「はめあい」といいます。**図2-6-8**において、(a) のように軸の直径よりも軸受の穴が大きければ「すきま」を生じ、(b) のように軸の直径が穴よりも大きい場合には「しめしろ」を生じます。軸と軸受の直径の大小関係によって次の3種類のはめあいが存在します。①すきまばめ：軸と軸受をたやすく取り付け、取り外しできるようにする場合には、穴は軸径よりもわずかに大きく製作されます。穴の最小許容寸法より軸の最大許容寸法が小さい場合のはめあいを「すきまばめ」といいます。この場合、軸と軸受が滑らないように止めネジ（セットボルト）で固定しなければなりません。止めネジは、軸に食い込むように締め付けるのが重要なポイントです。②しまりばめ：鉄道車両の車輪のように軸と回転体が互いに固くはめあわされる場合は、穴と軸の間にしめしろがあります。このように穴の最大許容寸法よりも軸の最小許容寸法が大きい場合を「しまりばめ」といいます。③中間ばめ：すきまばめとしまりばめの中間的なはめあいで、基本的に軸ところがり軸受はこのはめあいになっています。穴の最小許容寸法よりも軸の最大許容寸法が大きく、穴の最大許容寸法よりも軸の最小許容寸法が小さいという関係になっています。軸と軸受の取り付け、取り外しをする際には、専用工具を用いなければなりません。

すきまばめの場合、軸受は工具を使わず手で取り付け、取り外しができなければなりません（**図2-6-9 (a)**）。工具を使わないと取り付け、取り外しができない場合、不具合が生じます。無理やり叩き込むのではなく、止めネジなどによる軸の傷、軸受の不具合など、障害となっている原因を取り除かなければなりません。

しまりばめの場合、取り付け、取り外しは簡単ではありません。取り付けに際しては、ピンポンチなどで叩き込むことのないようにしましょう。軸受はパイプなどを利用した専用工具を用いて軸受の周囲に均等な力がかかるように叩き込むようにしましょう（**図2-6-9 (b)**）。はめあいがきつい場合には、軸受をオイ

図 2-6-8　軸と軸受のはめあい

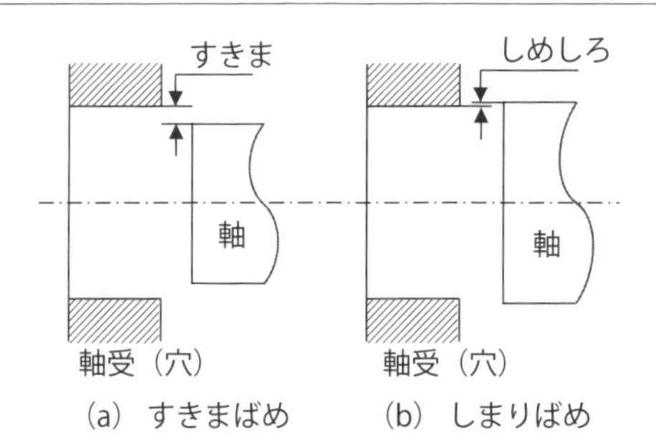

（a）すきまばめ　（b）しまりばめ

図 2-6-9　軸受の取り付け

（a）すきまばめの場合

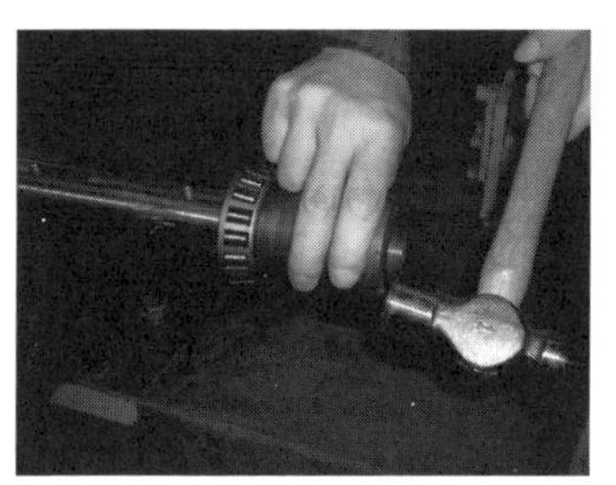

（b）しまりばめの場合

図 2-6-10　ギアプラーによる軸受の取り外し

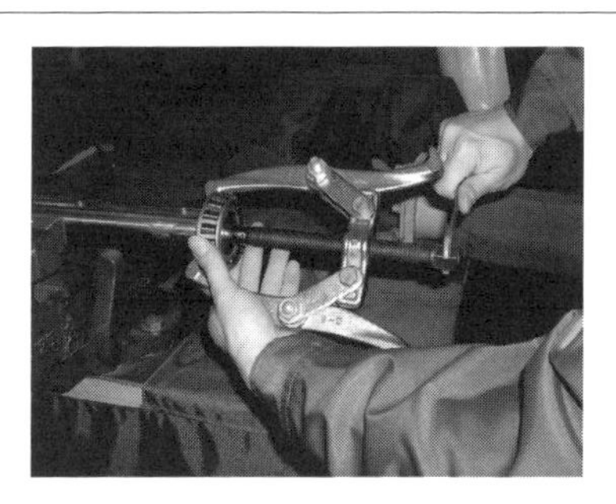

ルバスに浸し100℃程度に温めて、穴を熱膨張させてから軸へはめ込むと簡単です。

また、軸受を軸から取り外す際には、**図2-6-10**のように専用工具であるギアプラー（ギアプーラーともいいます）を用いて外しましょう。

要点　ノート

軸と軸受では、はめあいという概念が大切です。設計仕様のはめあいを確認して作業しましょう。

2. 6. 5
伝動(1)

❶キーについて

キーは、回転軸にプーリーや歯車を固定するために使われる機械要素です。用途に応じてさまざまな形状のものが用いられますが、ここでは一般的な並行キーを例にとって説明します。キーは小さな機械要素ですが伝動では重要なパーツであり、第一に、設計基準でいうと軸より硬い材料を使わなければなりません。軸がS35Cならば、キーはS45Cといったように考えます。炭素鋼材は記号の数値が大きいほど硬くなるからです。キーは回転に伴い、強い応力集中を起こしますので、軸よりも硬い材料を選択するわけです。また、はめあいも重要で、精密に仕上げたキーを用いて、軸側の溝幅はN9、ボス側の溝幅はJs9のはめあい公差を用いることとなっています。これは前述の中間ばめにあたるもので、しめしろが存在しますので、キーが軸に入れにくいからといって、やすりで削るなどしてスカスカの状態にすると起動時に衝撃荷重がかかり、軸が変形する危険性があることを意味しています。キーはキー溝にプラスチックハンマーなどで叩き込むのが正しい取り付け方です。

❷チェーン・スプロケット

チェーンはベルトと異なり、摩擦を利用しないので、正確な速度比が出せるという利点をもっています。ただ長年使用しているとゆるんでくるため、定期的なメンテナンスが必要です。ローラーチェーンには、切り離したり、つないだりするために**図2-6-11**のような接手リンクがあり、必ず一箇所以上使われています。これを**図2-6-12**のように一方のスプロケットの上部に移動させるとリンクに張力がかからないので、割りピンあるいはクリップを外すと継ぎ手プレートを簡単に外すことができます。

チェーンを取り付けるときは、図2-6-12に示すようにたるみ側の振幅がチェーン幅の2、3倍になるように調整すると、運転中にチェーンが波立つような現象を起こすことはありません。

ピン自体は微細な加工を施したものなので、ピンの奥まで潤滑させるには、グリースのような粘性の高い油脂では不十分で、チェーン専用の粘性の低い潤滑油を用いるようにしなければなりません。なお潤滑油の粘性は、粘度[Pa·s]

図 2-6-11 接手リンク

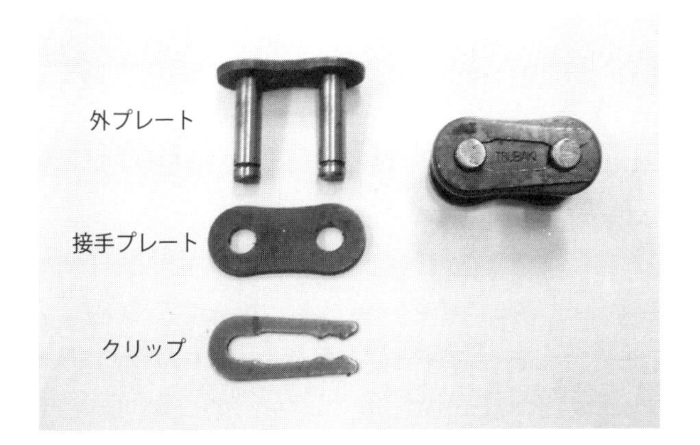

図 2-6-12 チェーンの長さの調整

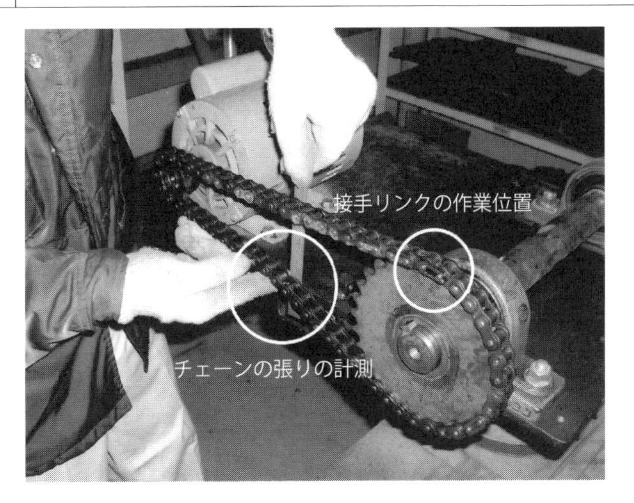

を密度[$kg \cdot m^{-3}$]で割った動粘度[$m^2 \cdot s^{-1}$]でグレード付けされます。

要点 ノート

チェーン、スプロケットは、すべりのない伝動機構です。基本的なメンテナンス技術は理解しておきましょう。

2.6.6
伝動(2)

❸ベルト

ベルトはチェーンとは逆に摩擦を利用した伝動技術で、スリップしやすいという欠点は、逆に考えると、過荷重や衝撃荷重に対してクッションの役目を果たしているという側面ももっています。このあたりが、チェーン伝動とベルト伝動の使い分けのポイントともいえます。

電動機のトルク伝達の最も一般的なベルトであるVベルトは近年の技術開発によって強度が非常に向上し、また寿命も延びています。筆者の経験でも、5年間は交換なしに連続運転しているケースが多いと感じています。ここでは設備保全の視点から、Vベルトについての留意事項をまとめます。

・Vベルトよりもプーリーの摩耗に気をつけましょう。Vベルトをプーリーに適正にかけた場合、**図2-6-13（a）**に示すようにVベルトの上部がプーリーからはみ出します。一方、Vベルトないしプーリーが摩耗している場合、**図2-6-13（b）**に示すように、Vベルトがプーリーからはみ出さなくなります。この状態では、Vベルトの底面がプーリーと接触し、側面の摩擦が減り、スリップするようになります。多くの場合、プーリーの摩耗が原因ですのでプーリーの溝の摩耗状態をチェックしましょう。
・複数本のVベルトを張る場合には各ベルトの張力が均等になるように心がけましょう。メーカーの異なるVベルトを並べて張ることも避けましょう。
・保管してある古いVベルトは使わないようにしましょう。最近のVベルトはめったに切れませんので、予備品のVベルトは何年も放置されていることがあります。数年に一度は思い切りよく予備品を更新することをお勧めします。

Vベルトの張りは、テンションゲージを用いて10 kgの荷重で何ミリといったことが書かれていますが、筆者はベルトを指で押してベルトの厚み程度の張力と覚えています。**図2-6-14**に簡単なベルト張力の見方を示します。左手で直尺をベルトに対して直角に当て、右手親指で押してみてベルトの厚み程度の変形に収まっているかどうかをチェックします。要は、ゆる過ぎてスリップすることのないように、きつ過ぎてトルク増大を招かないようにすればよいわけです。

図 2-6-13 Vベルトの点検

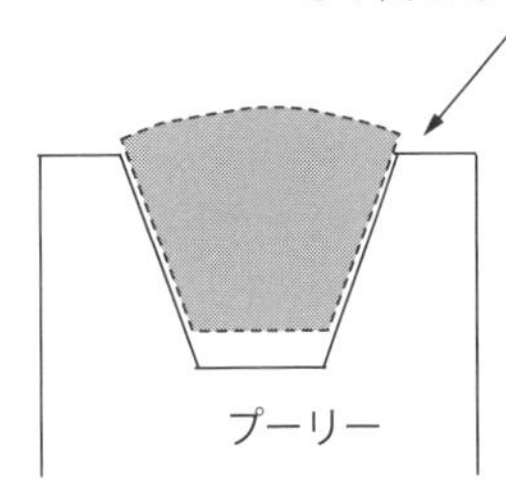

(a) Vベルトが適正な状態

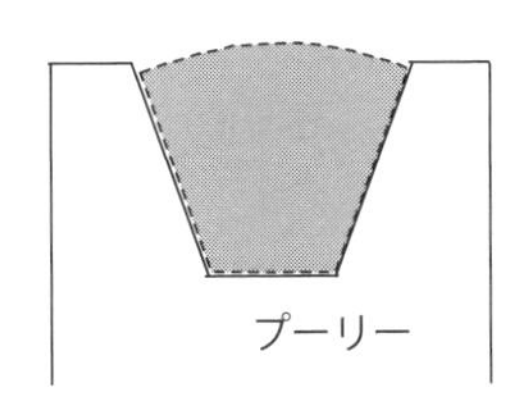

(b) Vベルトないしプーリーが摩耗

図 2-6-14 Vベルトの張力の点検

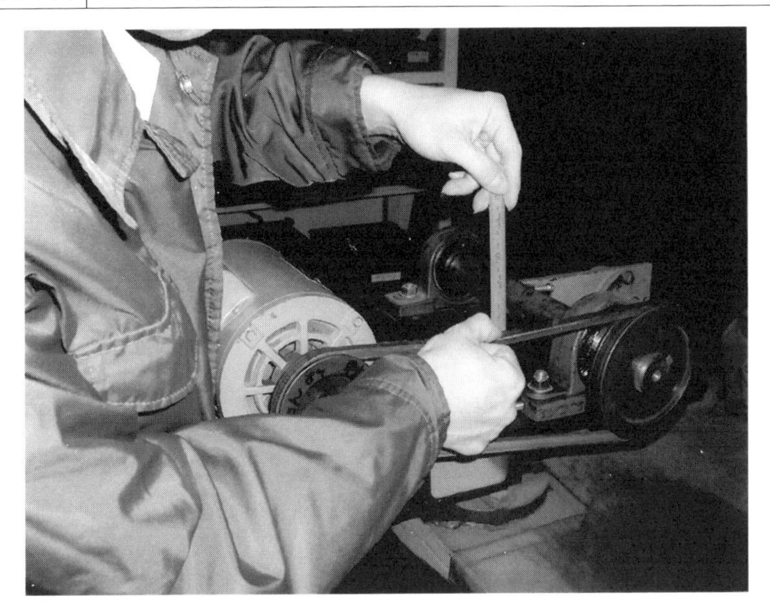

要点 ノート

Vベルトは高速回転機器に適した伝動機構です。Vベルトやプーリーのメンテナンスに気をつけましょう。

コラム

● ガラスビーズ ●

ガラスビーズは無色透明のサイズがそろった球形粒子です（写真参照）。最も大量に使われているのは、道路のセンターラインや側線、横断歩道などの路面標示です。塗装用の樹脂やペイントの中に混入・散布して使用されており、その仕様はJIS R3301で規定されています。同規格では、ガラスビーズの粒子径分布、屈折率、耐水性についての基本的な取り決めに加えて、ヒ素や鉛など毒物の含有量についても定められています。

センターラインや側線が夜間、車のヘッドライトにくっきりと浮かび上がって見えるのは、ガラスビーズの反射作用によるもので、球形粒子はいかなる方向からの入射光もその光路と同じ方向に反射光がもどるという原理に基づいています。この性質を再帰反射といいます。

ガラスビーズの入っていないラインは夜間、ヘッドライトの光が帰ってこないので視認することができません。この意味で道路用ガラスビーズは交通事故の防止に多大な貢献をしているといってよいでしょう。

ガラスビーズは、原料であるソーダ石灰ガラスを高温で溶融させた後、高温の回転炉などで粒子化し、常温まで冷却した後、篩い分けで粒子径をそろえています。ソーダ石灰ガラスは廃棄物を利用したリサイクル品です。

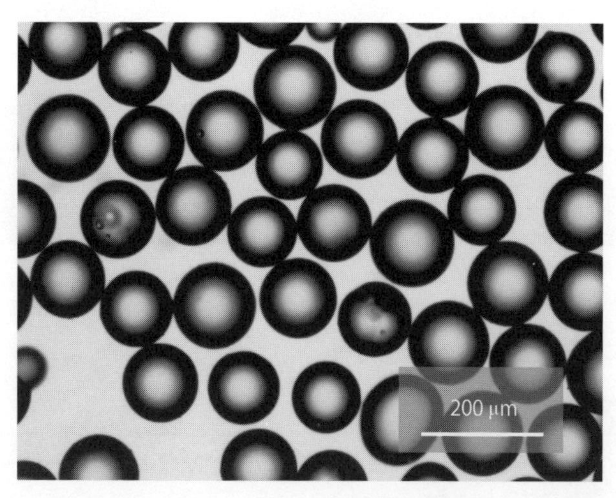

ガラスビーズの光学顕微鏡写真

【第3章】

粉体の取り扱いのポイント

3.1.1
流れやすさを数値化する

粉体の大きな特徴として、固体のように固まったり、液体のように流れたりするという二面性が挙げられます。流れやすさの程度を正しく評価することが粉体を適正に取り扱うための第一歩といってもよいでしょう。

粉体の流れやすさを評価する手法として、R.L.Carrが1965年に提案した流動性指数（flowability index）と噴流性指数（floodability index）があります。流動性指数は粉体の排出時の流れやすさを表すもので、安息角、圧縮度、スパチュラ角、および凝集度（または均一度）の測定値より、表を用いて簡単に求めることができます。噴流性指数はフラッシング現象（1.5.7項参照）の起こりやすさを評価するもので、崩潰角、差角、分散度、ならびに流動性指数より求められます。この手順は、R.L.Carrによる粉体の取り扱いの豊富な経験から得られたもので、簡便に流動性や噴流性を評価する手法として、粉体関連産業の分野ではデファクトスタンダードになっています。**図3-1-1**にR.L.Carrの方法に基づくパウダテスタ（ホソカワミクロン株式会社）を示します。各因子の測定法の概略は以下のとおりです。

①安息角：静止した粉体堆積層の自由表面が水平となす角度で定義されます。粉体を振動により自由落下させ、粉体堆積層を形成させます。
②崩潰角：安息角に所定の衝撃を3回与えた後の安息角を崩潰角とします。
③差角：安息角と崩潰角の差を表します。
④ゆるめ嵩密度：粉体を所定の容器に振動により自由落下させ、すり切りにしたときの粉体の質量を容器の容積で割った値（嵩密度）を表します。
⑤固め嵩密度：ゆるめ嵩密度の状態の粉体を所定の条件でタッピングした後の嵩密度を固め嵩密度とします。
⑥圧縮度：ゆるめ嵩密度と固め嵩密度から求められる圧縮率です。
⑦凝集度：標準篩（ふるい）に所定時間、一定の振動を与えて残る凝集粉の量を計ります。
⑧スパチュラ角：フォーク状のスパチュラの上に堆積する粉粒体の斜面の傾斜角です。
⑨分散度：一定量の粉体を一定の高さから落下させ、下に置いた時計皿に残る

図 3-1-1 パウダテスタ

（写真提供：ホソカワミクロン株式会社）

表 3-1-1 流動性指数

流動性指数	流動性の程度	排出口での架橋・閉塞防止対策
90～100	極めて高い	対策不必要
80～89	かなり高い	対策不必要
70～79	高い	対策が必要な可能性あり
60～69	普通	対策が必要な場合もある
40～59	低い	何らかの対策が必要
20～39	かなり低い	強力な対策が必要
0～19	極めて低い	特別な対策が必要

表 3-1-2 噴流性指数

噴流性指数	噴流性の程度	排出口での噴流現象防止対策
80～100	極めて高い	特別な対策が必要
60～79	かなり高い	何らかの対策が必要
40～59	高い	対策が必要な場合もある
25～39	普通	対策が必要な可能性あり
0～24	低い	対策不必要

質量から分散性、飛散性などを評価します。

この手法の優れている点は、複数の測定値から流動性指数、噴流性指数という総合点をつけ、具体的な対策の要否と対応づけをしたところです。**表3-1-1**に流動性指数、**表3-1-2**に噴流性指数の得点と対策の要否の対応を示します。

要点 ノート

粉体の流動性を簡便に評価する方法として、R.L.Carrの流動性指数があります。

3.1.2
密に詰めたい

粉体は付着性があるため、容器に充填すると、容器への入れ方によって体積が変わります。所定の容積の容器にすり切りで充填した場合、充填質量を容器の容積で割った値を嵩密度（かさみつど）（bulk density）と呼びます。容器の中は粉体粒子と隙間が存在しています。容積に対する隙間の割合を空間率（void fraction）とか空隙率（porosity）と呼びます。空間率は通常ε [-] で表します。

嵩密度ρ_b [kg·m^{-3}] と空間率εの関係は、粒子密度ρ_p [kg·m^{-3}] を用いて、

$$\rho_b = \rho_p(1-\varepsilon)$$

で表されます。完全な球形粒子で最密充填をした場合は$\varepsilon = 0.259$ですが、実際には粒子の形状が球形であることは少なく、さらには付着性があるため、なかなか密充填は難しい操作です。

今、**図3-1-2**に示すように、円筒型容器に粉体を充填して、上から圧力P_0で圧縮した場合の内部に発生する力のバランスを考えてみたいと思います。粉体層内の深さh [m] の位置での微小要素dhの力のバランスを求めます。働く力は、上面からの粉体圧、下面からの粉体圧、粉体に働く重力、および壁面で発生する摩擦力です。これに基づいて力のバランス式を求めると、1.5.4項で述べたように1階の微分方程式が得られ、粉体層内で発生する圧力P [Pa] について、次のような解析解が得られます。

$$P = \frac{\rho_b g D}{4\mu K} + \left(P_0 - \frac{\rho_b g D}{4\mu K}\right)\exp\left(-\frac{4\mu K}{D}h\right)$$

ここで、ρ_b [kg·m^{-3}] は粉体層の嵩密度、D [m] は容器の内径、μ [－] は壁面摩擦係数、K [－] は垂直応力に対する水平応力の比、h [m] は粉体層表面からの深さを表します。この式は、$h \to \infty$で圧力は上面からの圧力P_0 [Pa] によらず一定値になることを示しています。この結果は、1.5.4項で述べたヤンセンの式と同じです。つまり、上からP_0で荷重をかけてもサイロのように上面が自由界面でも同じであるということです。上面での荷重も充填される粉体の自重も壁面摩擦とバランスしてしまうことを示しています。

粉体を圧縮して錠剤を製造する際、粉を入れる容器の底には高い圧力が発生しないため、高い錠剤強度を得ることができません。上式の右辺第1項が大き

図 3-1-2 容器内に充塡した粉体層内部に発生する力のバランス

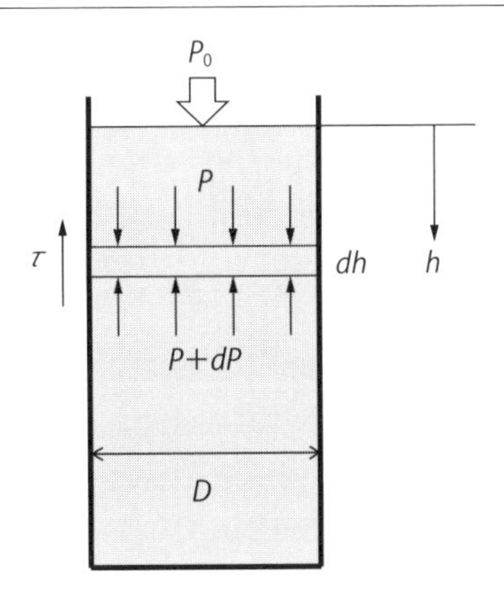

図 3-1-3 粒子径と嵩密度

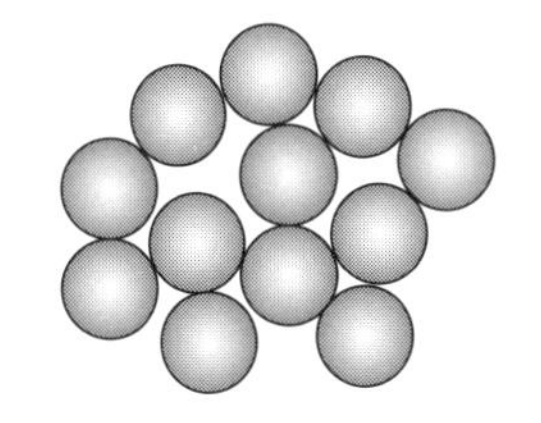

（1）単一粒子径粒子の充塡　（2）大小二種類の粒子の充塡

な値をもつためには、嵩密度ρ_bを大きくすること、および壁面摩擦係数μを小さくすることが必要です。まず考えられるのは、嵩密度が大きな値を示すような粒子径分布を検討することです。どのような粒子径分布が高い嵩密度を示すかについては、多くの研究がありますが、一番現実的なのは、大粒子と小粒子を混合して、大粒子の隙間に小粒子を埋め込む策です。小粒子の付着性も考慮しながら検討するとよいでしょう（**図3-1-3**）。

また、壁面摩擦係数μを小さくするには、添加剤を加えることが行われます。一般にはステアリン酸マグネシウムが使われます。このような添加剤を滑沢剤（かったくざい）といい、次項で述べます。

要点 ノート

壁面摩擦の影響で、容器に粉体を密充塡することは困難です。

3.1.3
流れやすくしたい

粉体は固体粒子の集合体でありながら、マクロな固体と異なり、条件によっては液体や気体と同様に流れたり、一方では詰まったりします。フラッシングといったやっかいな現象もありますが、一般論として、流れやすくしたい、という課題が多いと思います。本項では流れにくい粉体を流れやすくする技術についてご紹介します。

❶造粒して流れやすくする

粉体には付着力があることを学んできました。粉体粒子が付着するか剥離するかについては、付着力と自重の関係が重要であり、付着力が大きくなる粒子径と自重が大きくなる粒子径の境目は、大ざっぱにいって70〜80 μmにあることを1.2.5項で示しました。このことは、同じ素材であれば、50 μmの場合、付着性が現れ、100 μmの場合は流動性が現れることを意味しています。

そこで微粉であることが原因で流動性が悪い粉体を流れやすくするための第一の解決策では、造粒して粒子径を100 μm程度以上にすることが挙げられます（図3-1-4）。

実際に、食品分野では、流動性の悪い薄力粉を造粒してダマができにくくした商品がありますし、医薬品の分野では、粉末タイプの飲み薬を顆粒状にして飲みやすさを改善しています。

❷滑沢剤を添加して流れやすくする

それ自体は微粉体で流動性が悪くても、粒子形状が球形だったり、平板状だったりして、添加することにより元の粉体の流動性を改善する粉体があります（図3-1-5）。よく添加されるのは、コーンスターチ（多面体粒子）、ヒュームドシリカ（球形粒子）、タルク（平板状）、ステアリン酸マグネシウム（微粉平板状）で、これらを滑沢剤（かったくざい）といいます。元の粒子に添加することで元の粒子間に入り込み粒子間の付着力・摩擦力を軽減することによって流動性を改善します。タルクはベビーパウダーに添加され、流動性の改善を図るとともに、平板状の形状のために皮膚に付着して剥離しにくくするという効果もあります。食塩はサイコロ状の粒子ですが、ヒュームドシリカを添加して、食塩粒子の表面をコーティングすることで粒子同士の接触を防ぎ、食塩のもつ潮解性により

図 3-1-4　造粒による流動性改善

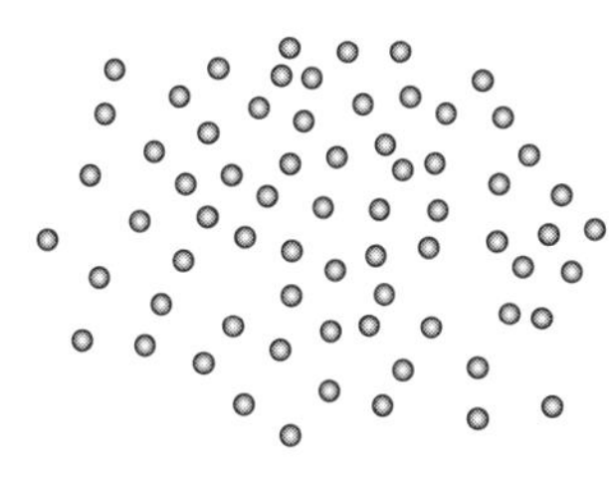

（1）単一の付着性微粒子

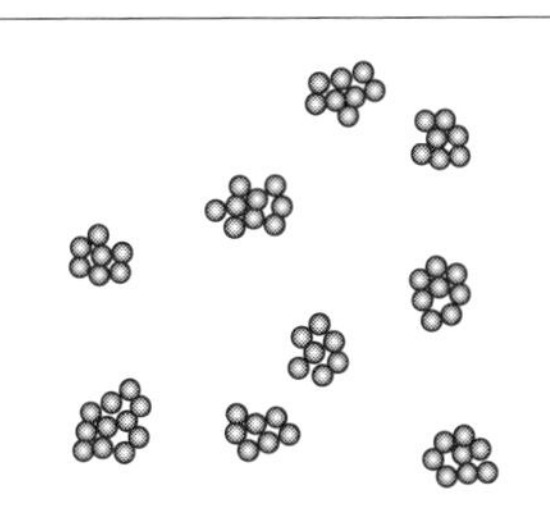

（2）造粒すると流動性向上

図 3-1-5　異形粒子添加による流動性改善

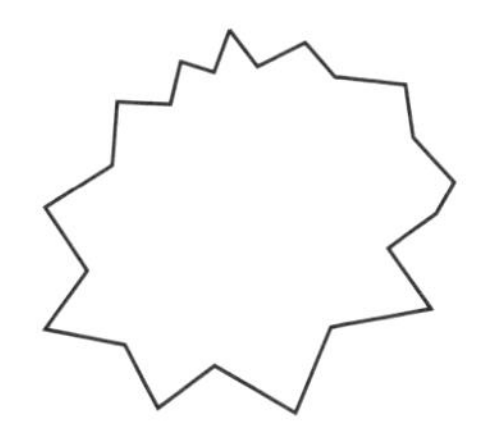

（1）付着性微粒子

（2）異形粒子添加で流動性向上

図 3-1-6　ナノ粒子添加による食塩の固結防止

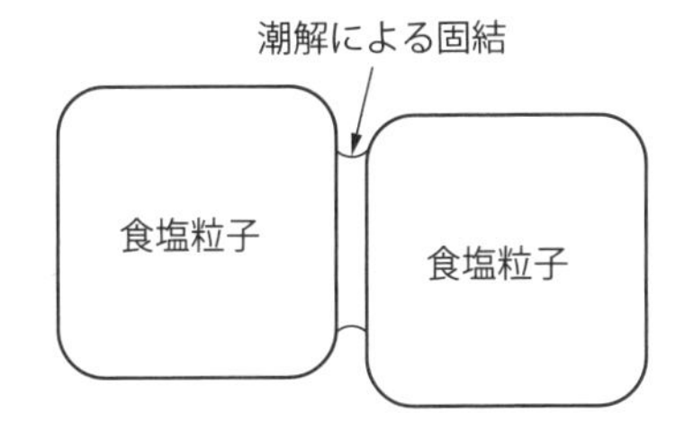

（1）潮解による食塩粒子の固結

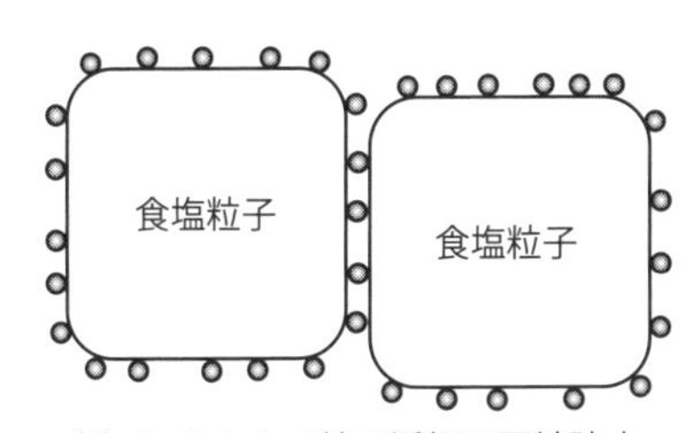

（2）シリカナノ粒子添加で固結防止

固結することを防止した商品があります（**図3-1-6**）。

　これら滑沢剤は少なすぎると流動性改善の効果がなく、多すぎる場合にも添加材の付着性・凝集性の影響が現れ、流動性が悪くなります。したがって、添加する際には、実験的に最適添加量を検討するとよいでしょう。

要点　ノート

粉体の流動性改善を目的として、滑沢剤という第二成分を添加する方法があります。

3.1.4

よく混ぜたい

混合とは複数の粉体材料を均一に混ぜる操作です。混合操作を考えてみると**図3-1-7**のように、2種類あるいはそれ以上の成分を均一に混合する過程の他に、**図3-1-8**のようにある成分の表面に他の成分を被覆する過程が考えられます。

混合操作の目的は、混合終了時に混合物のどの部分を採取しても原料の成分が同じであることです。しかし、混合終了時の成分組成にはいくぶんのばらつきがみられるため、このばらつきを統計的に扱って混合度の評価とすることが一般的です。

混合物から無作為に採取したN個のサンプル中の特定成分の組成x_i（$i=1, 2, 3, \cdots, N$）について、サンプル平均$\bar{x}_s$は次式で与えられます。

$$\bar{x}_s=\frac{1}{N}\sum_{i=1}^{N}x_i$$

原料組成x_cがわかっている場合、サンプリングが適切であれば$\bar{x}_s$はx_cにほぼ等しくなります。このとき、x_iのばらつきを混合度の指標とすることを考えてみます。サンプルの分散σ^2は以下の2式で定義されます。

$$\sigma_p^{\,2}=\frac{1}{N}\sum_{i=1}^{N}(x_i-x_c)^2$$

$$\sigma_s^{\,2}=\frac{1}{N-1}\sum_{i=1}^{N}(x_i-\bar{x}_s)^2$$

$\sigma_s^{\,2}$は母集団の分散の自由度$r=N$における不偏推定量と呼ばれているものです。原料の組成がわかっている場合には上式を、わかっていない場合は下式を用いてサンプルの分散を計算し、混合物の均一度を推定することができます。

目的や混合物の性状によって、さまざまな形式の混合機が実用化されています。**図3-1-9**、**図3-1-10**は、容器が回転するタイプの混合機です。また、**図3-1-11**、**図3-1-12**は、容器の内部に混合羽根があり、容器は固定で、羽根が回転するタイプです。そのほかに、羽根ではなく、空気やガスによって攪拌するタイプの混合機もあります。一般論ですが、容器が回転する形式よりも内部に攪拌羽根をもつ混合機のほうが短時間で混合物が得られる傾向にあります。

図 3-1-7 2種類の粉体の混合

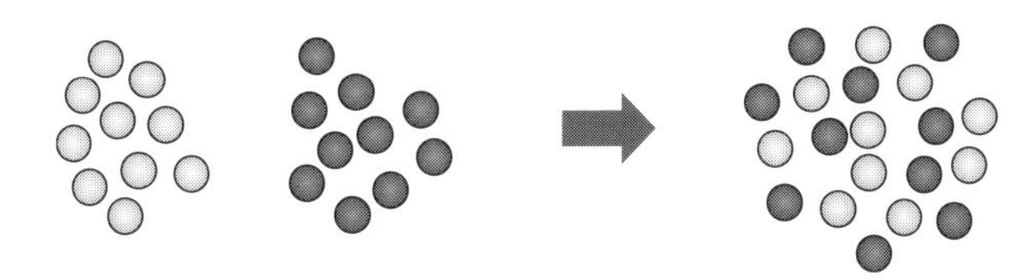

図 3-1-8 原料の粒子径に差異がある場合の混合

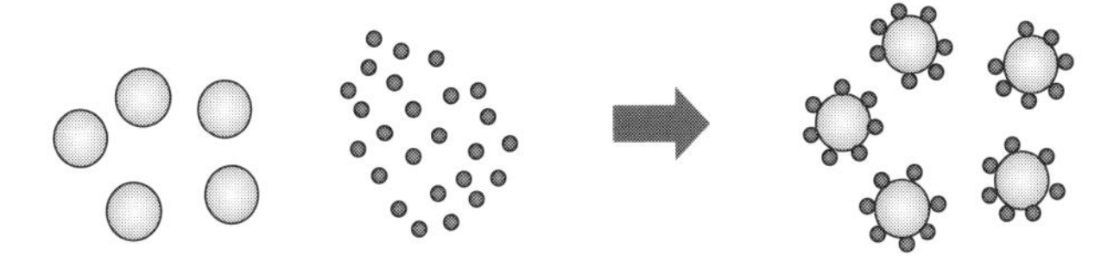

図 3-1-9 V型混合機

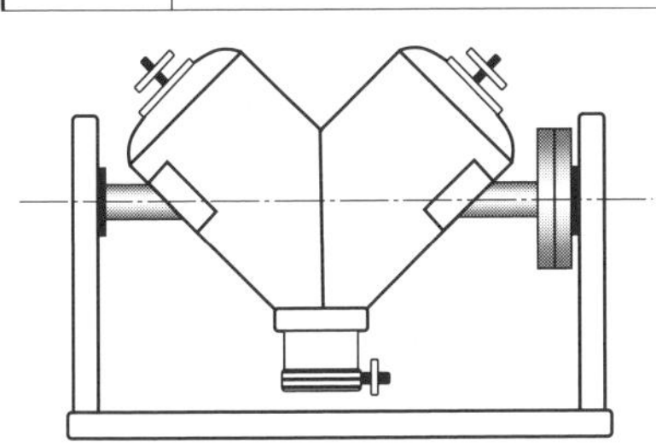

図 3-1-10 ダブルコニカル型混合機

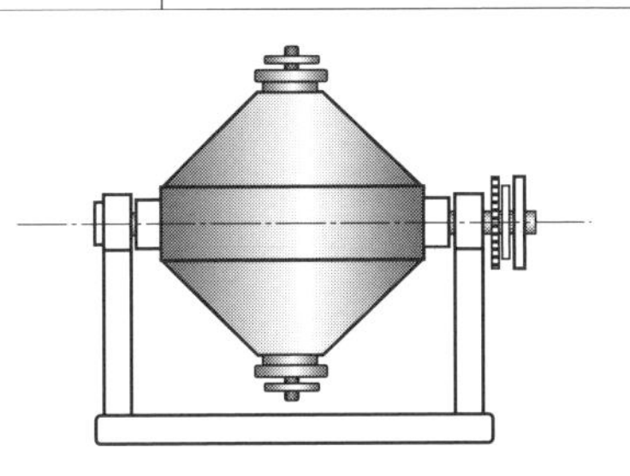

図 3-1-11 リボン型混合機

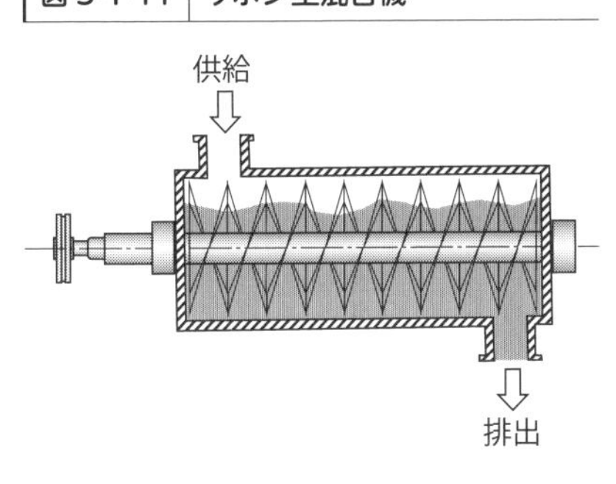

図 3-1-12 円錐スクリュー型混合機

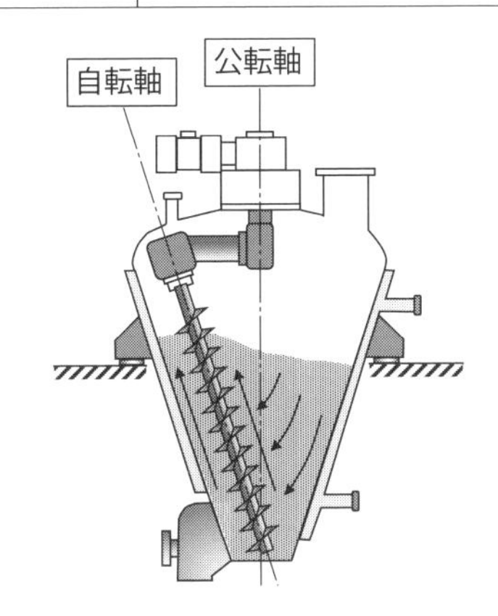

要点 ノート

複数種類の粉体を均一に混合するのは困難ですが、高効率な混合装置が開発されています。

3.1.5
造粒したい

造粒操作は、その目的や取り扱う粉体の種類によって、3種類の様式が用いられています。

❶成長様式による造粒

傾斜したパン（平たい容器）にザラメを入れて回転流動させながら、氷砂糖や副資材を溶かした溶液（糖蜜）を少しずつかけていくと、ザラメの周りに糖蜜が付着して粒子径が次第に大きくなり、金平糖になります。造粒操作では微粒子同士を結着させるために糖蜜のような副資材が用いられます。一般には、回転するパンにスプレー液として噴霧します（**図3-1-13**）。この副資材をバインダーと呼んでいます。これが成長様式による造粒の代表例です。製造装置は、回転する傾斜パン以外にも回転ドラム（コンクリートミキサーのようなもの）も用いられます。回転ドラムは混合機の一種ですが、バインダーを適切に選択することで造粒装置として機能します。

❷圧密様式による造粒

スクリューコンベア状の装置を用いて、粉体とバインダーを投入し、混合・攪拌しながら出口に向かって移動させ、出口に穴のあいたプレートを配し、混合物を押し出すように排出することで造粒物を得る方法です。**図3-1-14**に、その一例を示します。ケーシングの中央に回転軸が配置され、スクリューやパドルが回転しています。装置内壁には邪魔板などが配備され、移送と圧縮が並行して行われ、中間的なオリフィスプレートを介して最終端に配備されたオリフィスプレートから押し出されて、造粒体となります。

❸液滴発生様式による造粒

流動層化した粉体層にバインダーをスプレーノズルにより噴霧して、流動層内部で、バインダーのコーティング、凝集、造粒を行う方式です。**図3-1-15**に設備の一例を示します。上部スプレーノズルから原料液を供給すると同時に装置底部の多孔板を介して熱風が送り込まれ、乾燥した原料が流動層化します。流動層は、粒子一個一個が流動状態にあるため、粒子表面へのバインダーをコーティングさせることが容易で、その後粒子同士の衝突により粒子同士の決着が進行し造粒されていきます。

図 3-1-13 パン型造粒装置

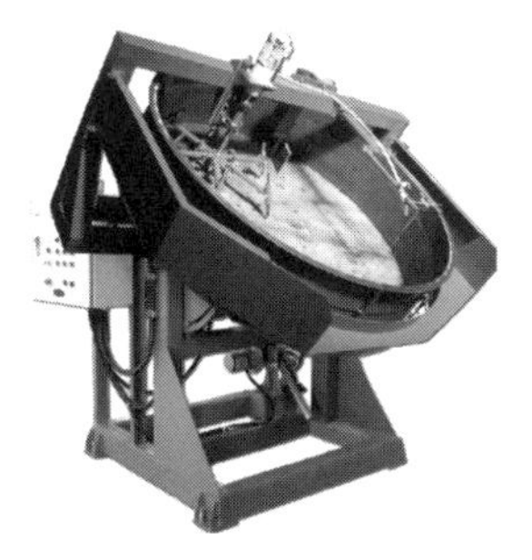

（写真提供：太洋マシナリー株式会社）

図 3-1-14 エクストルーダー

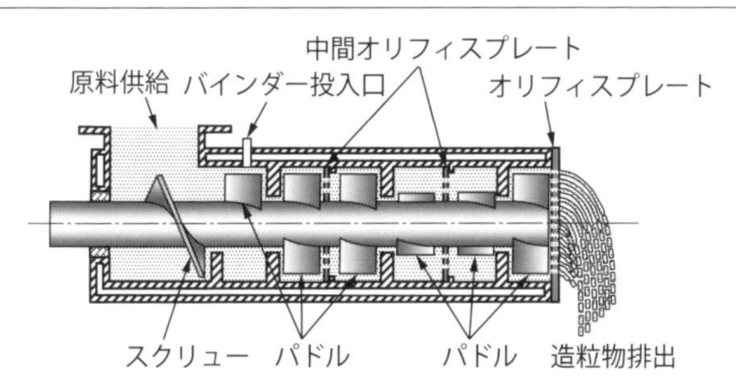

（出典：ホソカワミクロン株式会社）

図 3-1-15 流動層造粒装置

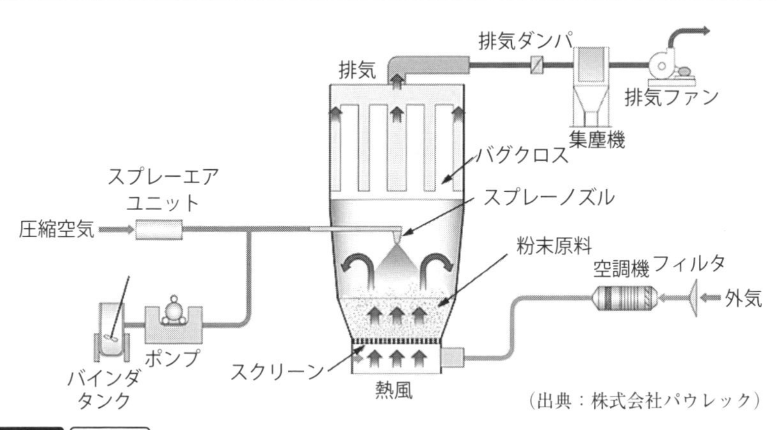

（出典：株式会社パウレック）

要点 ノート

粉体を効率的に造粒するため、流動状態で粒子を成長させる方式、バインダーと一緒に混合・押し出しする方式、および液滴を噴霧・乾燥させる方式などが実用化されています。

3.1.6

乾燥させたい

❶粉体材料の乾燥

湿った粉体材料を熱風で乾燥させることを考えます。まず熱風により水分を含んだ粉体材料が温められて粒子表面あるいは粒子間の自由に移動できる水分が表面に向かって移動を開始します。この状態を材料予熱期間といいます。続いて、ある粉体材料全体がある温度に達すると熱風から加えられる熱量がそのまま水分蒸発に使われる状態になります。この状態では、粉体材料の温度は一定で、水分の蒸発速度も一定となります。この状態を恒率乾燥期間（constant-rate period of drying）といいます。自由に移動できる水分がなくなると上述の熱量と蒸発速度のバランスは崩れ、粉体材料の温度は上昇を始め、蒸発速度は減少します。この状態を減率乾燥期間（falling-rate period of drying）といい、粉体材料内部の水分や自由に移動できない吸着水が蒸発を始め、粉体層の水分は、熱風の温度・湿度で決まる最終的な平衡水分含有率に達して乾燥が終了します。この乾燥過程を**図3-1-16**に示しました。Ⅰが材料予熱期間、Ⅱが恒率乾燥期間、Ⅲが減率乾燥期間を表し、ⅡとⅢの境界を限界含水率と呼ぶことにしています。

❷噴霧乾燥技術（スプレードライ）

乾燥時間を短縮するには、できるだけ蒸発速度を上げることが必要ですが、粉体の場合、できるだけ分散状態で乾燥させることです。そのような乾燥を達成する装置の代表例は、2.5.3項で紹介したスプレードライヤー（spray dryer）です。粉体を懸濁させた液をノズルから散布して、タンク内を落下させます。下から熱風を送るとノズルから散布された液滴は水分が蒸発し、乾燥した粉体が得られます。このとき条件をうまく設定することで、適切なサイズの造粒物にして捕集後の取り扱いを容易にすることができます。

❸真空凍結乾燥技術（フリーズドライ）

食品分野では乾燥することで保存性が向上することから、古くから乾燥食品は利用されてきましたが、問題は、乾燥することで風味が損なわれることでした。そこでコーヒーやみそ汁など風味を重要視する食品では、いったん液体を凍結し、減圧することで凍結した水分を昇華させるという真空凍結乾燥

図 3-1-16 粉体材料の乾燥特性

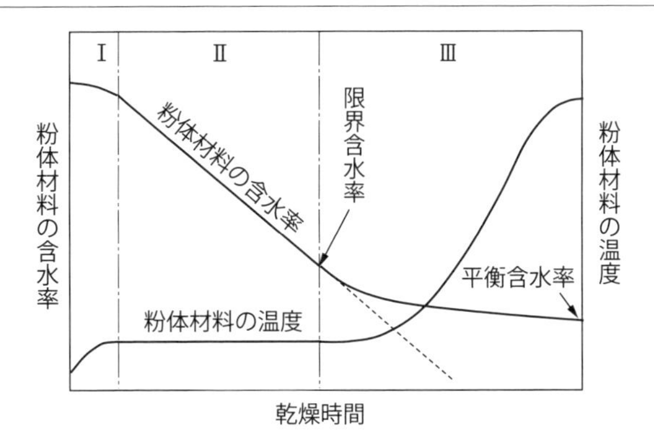

図 3-1-17 凍結乾燥プロセス

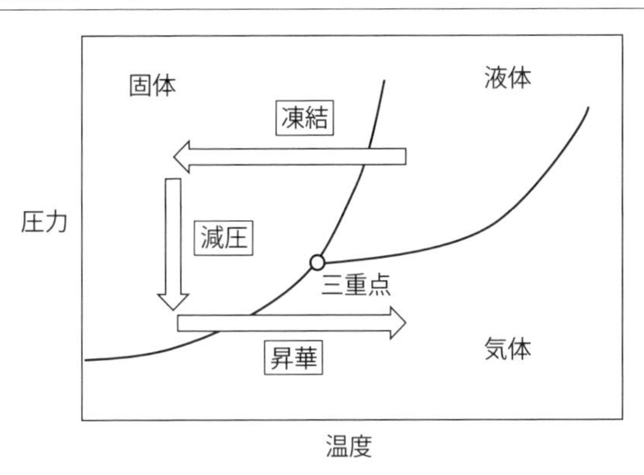

（vacuum drying）技術が開発されました。**図3-1-17**に水の相図を示します。水には固体、液体、気体の3つの状態があります。3つの状態が共存できる点が1箇所あり、三重点と呼ばれます。水では、0.01 ℃、612 Pa（約0.006気圧）です。まず液体の水の温度を下げていくと凍結します。続いて、圧力を下げていき（矢印下向き）、三重点の圧力よりも下げた後、温度を上げると氷は昇華して直接水蒸気になります。真空凍結乾燥技術を用いたプロセスはフリーズドライ（freeze drying）製法と呼ばれ、保存性と風味保持を両立させる技術として活用されています。

要点 ノート

粉体を熱で乾燥させる場合、材料予熱期間、恒率乾燥期間、減率乾燥期間を経て、平衡含水率に達します。

3.1.7
粉を保管したい

❶粉体を保管する貯槽（タンクやサイロ）の設計について

貯槽に粉体を貯める場合、粉体が安息角をもっているため、下部のホッパーと呼ばれる部分の傾斜には気をつけなければならないことを学びました。またホッパーの傾斜部分に、不用意に、ノッカー（槌打装置）やバイブレーダーを設置すると、内部でアーチングが促進され閉塞を起こしてしまうことがあることをお話ししました。

実際には、濡れた石膏や砂礫などより固結しやすい粉粒体の貯槽には、乾燥粉体の技術は無力であることが往々にしてあります。そのような場合は、タンクの内部に構造物を設け、振動させるか、かき取るかして、内部のアーチングを壊すとともに流動状態を確保させるような仕組みを導入する必要があります。ここでは2つの事例を紹介します。

図3-1-18にビンアクチベーターの断面構造図を示します。ホッパーの角度は緩やかに取られていますが、内部に円錐状の構造物を配置し、ホッパー全体を振動させるようになっています。これにより円錐状の構造物が振動し、アーチングが破壊され、閉塞を防ぐことができます。

サークルフィーダー（**図3-1-19**）は、容器の底面全体に低速で回転する機構をもつため、ホッパー構造が不要で、直筒容器ないしは、底部にいくほど断面積を大きくすることができます。勾配のない容器の底部に回転翼をもつことから、底部の粉体をかきだすと自重で上部粉体が落下するため、極論すると湿潤粉体でも排出可能であることが大きな特徴です。

安息角の大きな粉体を貯蔵する場合、ホッパーの傾斜角を大きくしなければならないため、その結果、容積を制限することになり、特に、室内で天井高さに制限のある場合は十分な容積をもたせることが困難になりますが、ビンアクチベーターやサークルフィーダーの採用により、閉塞防止の他に容量を稼ぐという副次的効果も期待できます。

❷貯槽内部作業の安全

大型のタンクやサイロでは内部に入ってメンテナンスや清掃作業を行うことがあります。このときに十分注意しなければならないのは、内部の酸素濃度で

図 3-1-18　ビンアクチベーターの構造

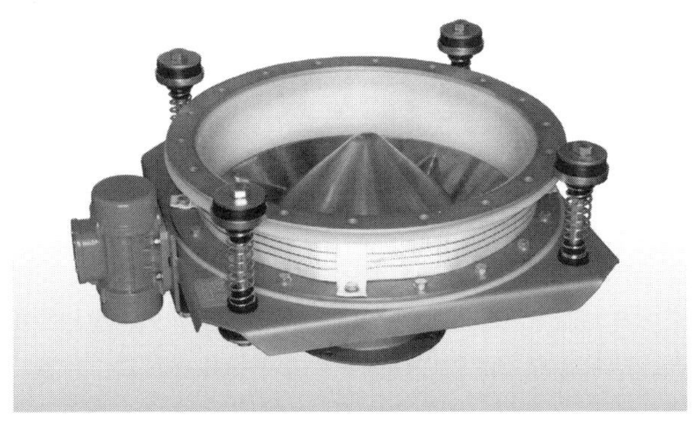

（写真提供：ワム・ジャパン株式会社）

図 3-1-19　サークルフィーダーの外観

（写真提供：株式会社ヨシカワ）

す。内部で作業を行う場合は、必ず送風機で新鮮な空気を送り込みながら作業を行うことが求められます。万が一の場合を考えて、複数人数での作業を行うべきでしょう。また、事故が起こった場合、安易に助けに入ることも注意しなければなりません。換気と場合によっては呼吸用保護具を準備しましょう。以上の事柄に精通している第一種酸素欠乏危険作業主任者を選任し、指揮をさせることが必要です。

要点　ノート

粉体を保管する貯槽の設計では、排出機構に留意する必要があります。また実作業では酸素欠乏に十分注意を払わなければなりません。

3.1.8

粉を排出させたい：粉体オリフィス

前項では、流動性の悪い粉体の貯蔵・保管は排出を前提として設計しなければならないことをお話ししました。一方、カーボランダムなどの粗い研磨剤、ガラスビーズ、造粒体など流動性に問題のない粉体材料は、容器の底に穴を開けただけで排出することができます。これを粉体オリフィスといいます。

❶粉体オリフィスではトリチェリの定理は成り立たない

粉体オリフィスを設計する場合に留意しておくべきことがらの第一は、1.5.4項で述べたように、一定の径のオリフィスから排出される質量流量は、貯槽に十分な高さの粉粒体がある場合でも、残り少ない粉粒体の場合でも質量流量が変わらない点です。水が容器に入っていて底部から排出させる場合（**図3-1-20**①)、排出される水の体積流量 $[m^3 \cdot s^{-1}]$ は、オリフィス径の開口面積に比例し、高さの平方根に比例します（トリチェリの定理）が、粉体オリフィスの場合（**図3-1-20**②)、砂時計と同じで高さによらず一定の流量となります。

❷粉体オリフィスの2.5乗則

流動性のよい粉粒体の場合、オリフィスの開口面積に比例して質量流量が得られると思いがちですが、粉粒体の流れを粒子径のサイズがオリフィス径に比べて十分に小さい場合、流れの運動方程式の相似則から次式が成立することが知られています。

$$W = kd^{2.5}$$

ここで W は粉粒体の質量流量 $[kg \cdot s^{-1}]$、k は粉粒体の嵩密度、粒子密度などで決まる係数、d はオリフィスの内径 $[m]$ です。実際にはオリフィス径が小さくなると粉粒体の粒子径が無視できなくなり、オリフィス内部で縮流が起こるため、オリフィス径の指数は、もう少し高めの値となり、2.5～3.0の値を示します。**図3-1-21**に3種類の粒子径のガラスビーズを粉体オリフィスで排出実験を行ったときの結果を示します。オリフィス径が大きいときはガラスビーズのオリフィス径にかかわらず、同じ流量を示しますが、開口径の小さなオリフィスになるほど、粒子径の大きな試料ほど質量流量が小さくなる傾向にあるため、両対数紙上での回帰直線の傾きは2.5よりも大きくなる傾向にあります。したがって、指数は対象とする粉粒体を用いて実験的に求めるとよいで

図 3-1-20　粉体オリフィスではトリチェリの定理は成り立たない

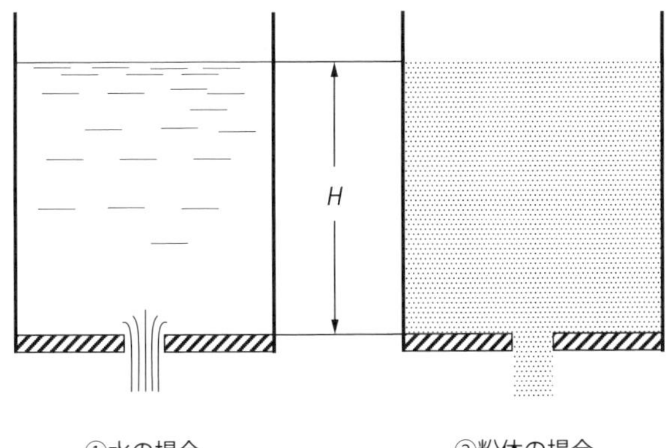

図 3-1-21　オリフィス径と質量流量の関係

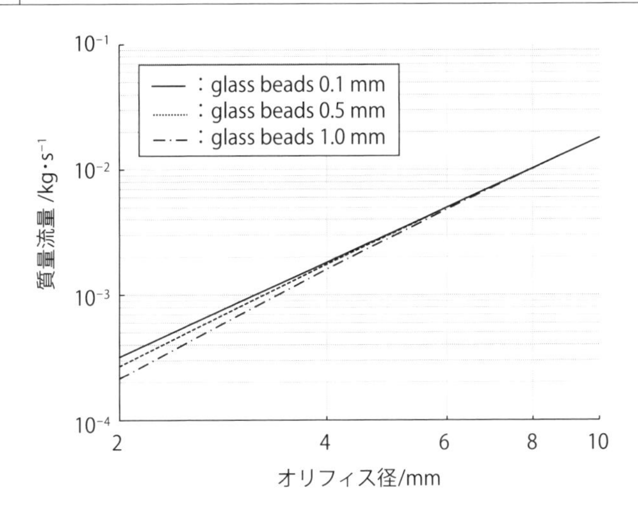

しょう。この実験では、指数は2.5～2.8の間で変動していました。

要点 ノート

粉体をオリフィスから排出させるとき、質量流量は、オリフィス径の2.5乗に比例します。

3. 2. 1

一定速度で供給したい

2.5.2項では、粉体を定量的に供給するさまざまな装置をご紹介しました。スクリュー羽根や回転羽根のピッチ間のスペースを利用して一定容量で供給するスクリューフィーダーやロータリーフィーダー、排出口に回転する円盤を設けて安息角だけはみ出す容量をかき取り板で切り出すテーブルフィーダーをご紹介しました。

しかしながら、粉体には付着性があり、また付着性と粒子形状が複合的に作用して凝集する性質があるため、一定容量の切り出しでは限界があります。そこで、粉体層に振動を加えて流動状態にし、定量性を向上させた電磁フィーダーがありますが、付着性のはなはだしい場合には、これでも限界があります。

近年、分級や粉砕操作において、供給量の一定性が分級性能や粉砕性能に大きく影響を与えることがわかってきましたので、従来以上に一定供給に対する要求は強くなっています。

この要求に対応して、原料を一時的に蓄えておく容器および粉体の質量をロードセルで計測しておき、その信号に応じて、フィーダーを駆動しているモーターを制御することで定量供給を達成できるフィーダーが開発されています。供給機から粉体が供給されるとロードセルにかかる質量は減少しますので、このタイプの装置はロスインウェイト式フィーダー（loss-in-weight feeder）と呼ばれています。供給機は、原理的に、スクリューフィーダーでもテーブルフィーダーでもかまいません。**図3-2-1**にロスインウェイト式フィーダーの概略図を示しました。

供給粉体を含む装置の質量はロードセルによって常に監視されています。別途スクリューフィーダーの回転数と供給粉体の排出量の関係式と設定値からスクリューフィーダーは運転され、回転数の信号は常にモニタリングされています。制御用のマイクロプロセッサー（CPU）ではロードセル信号の減少量から粉体の供給速度を計算して、設定値との偏差を計算しています。設定値からの偏差が大きくなると、CPUはフィーダー用モーターの回転数を変更します。回転数の変更により供給量が目標値からの許容偏差内に収まると一定回転

図 3-2-1 ロスインウェイト式フィーダー

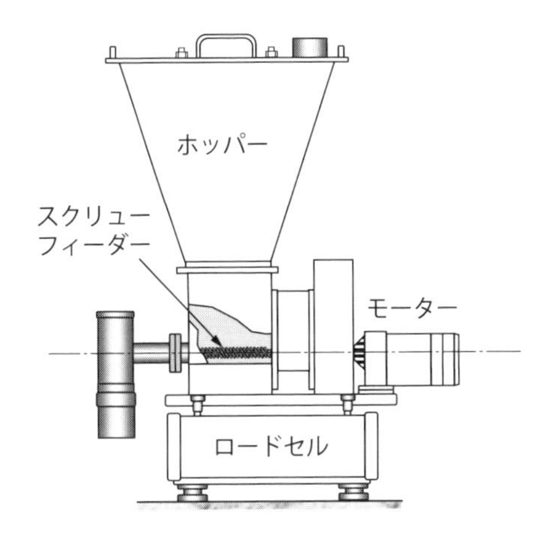

図 3-2-2 ロスインウェイト式フィーダーの制御ダイヤグラム

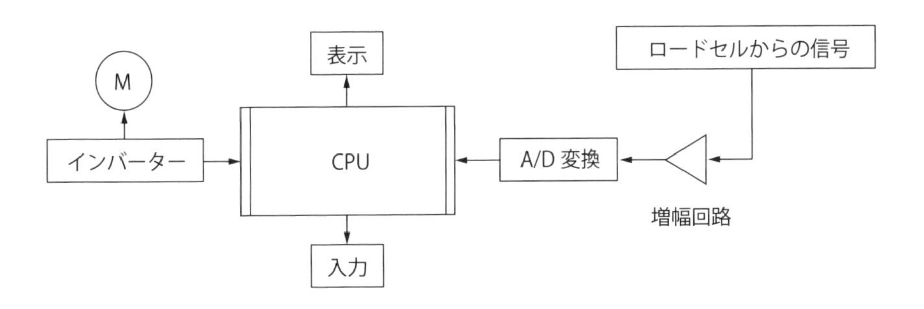

数による運転を継続します。供給速度としてどれくらいの時間スケールで求めるか、許容偏差をどの程度にするかは、取り扱う粉体とその後の粉体処理（粉砕、分級など）の要求精度によって決められます（図3-2-2）。

要点 ノート

フィーダーごと質量をモニターして、フィードバック制御をかけることにより供給の一定性を確保することができます。

3. 2. 2

きれいに分散させたい

粉体の凝集を解除して分散状態にすることは、粉体技術の重要な課題の一つです。粉体の凝集の要因が主としてファンデアワールス力であることを学びましたが、これは分子間力に基づく力ですので、静電気力のように帯電を除去したり、液架橋力のように乾燥させたりといった方法では軽減することができません。

1.4.2項では、強制的に凝集を解消するイジェクターをご紹介しました。ここではそれ以外の装置についてご紹介します。

❶ベンチュリー型分散機

ベンチュリー管は**図3-2-3**に示すように、中央部にスロートと呼ばれる絞り部を設置し、その両側に異なる広がり角の流路を接続した構造をしています。スロート部に粉体供給用の管を接続し、第一流体として管内に圧縮気体を供給すると、エジェクターと同様に、スロート部の高速流により負圧が生じ、粉体供給管から流体（第二流体）が吸引されます。第二流体とともに凝集粉体を吸引させると、凝集粒子は第一流体との混合時に気流による加速・減速により生じる力および剪断作用を受け分散します。

❷オリフィス型分散機

図3-2-4に示すように、管内径よりも小さな開口径をもつ板を流路中に設置した絞り部（オリフィス）をもつ分散機です。オリフィスを設置した管内に凝集粉体を流すと、オリフィス前後での流れの急縮小・急拡大によりエアロゾル中の凝集粒子に加減速や剪断気流による分散力が働きます。

❸流動層分散機（図3-2-5）

流動層を凝集粒子の分散・粉体供給装置として利用した例です。気体中への粉体の供給を目的とした場合には、分散させたい粉体の充塡層に下部より気流を吹き込み、流動化させます。このとき、層上部より流出する気流の流速を一次粒子の終末沈降速度以上とすると、一次粒子および一次粒子に近い比較的小さな凝集粒子が気流に同伴されます。

❹攪拌翼型分散機

回転する障害物を用いた機械的な分散装置です。**図3-2-6**に示すように、円

図 3-2-3 ベンチュリー型分散機

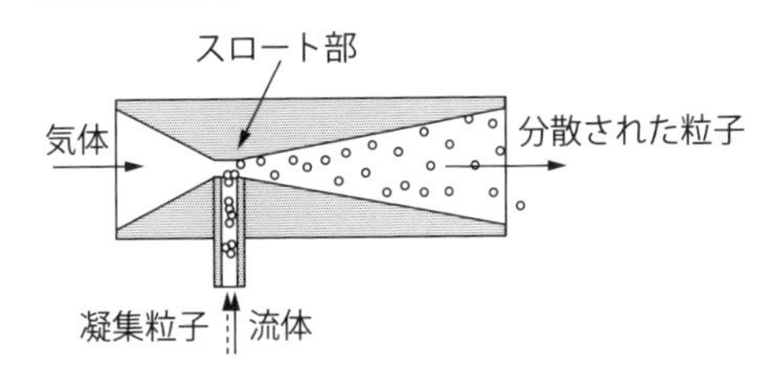

図 3-2-4 オリフィス型分散機

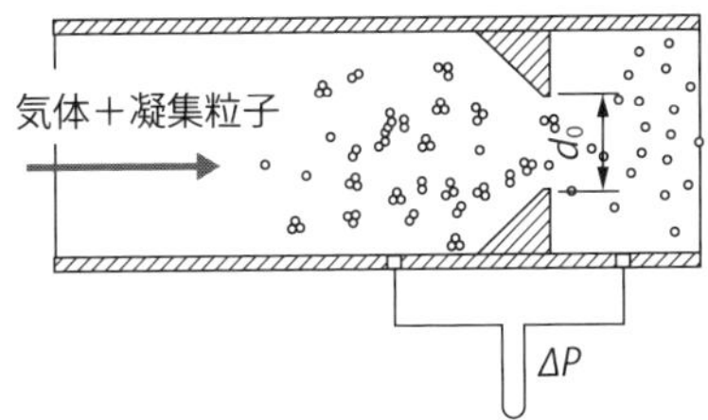

図 3-2-5 流動層型分散機

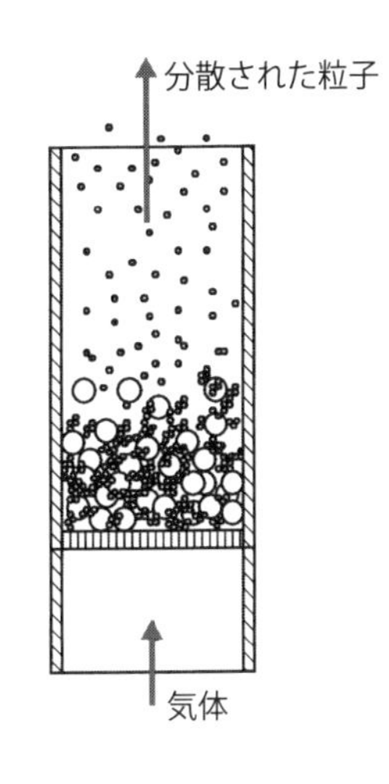

図 3-2-6 攪拌翼型分散機

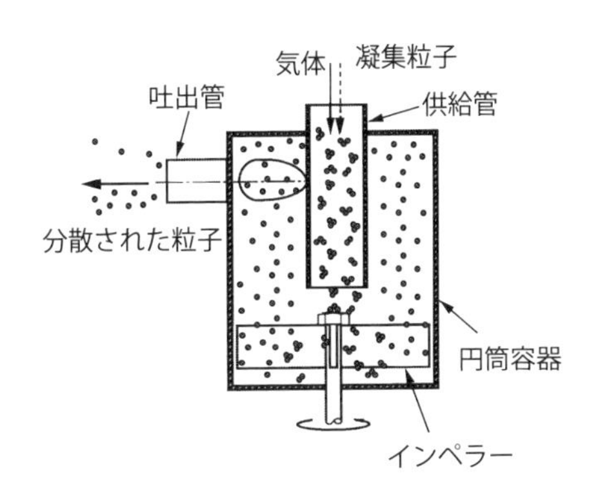

筒容器内で高速回転するインペラーと容器上部に同軸状に設置した供給管および容器側壁接線方向に取り付けた吐出管より構成されます。インペラーにより発生する旋回流によってインペラー上部に負圧が生じ、これにより供給管から気流が吸引されます。凝集粉体は気流とともに吸引され、高速旋回気流により生じる加速、剪断、およびインペラーまたは容器壁との衝突の複合作用により分散されます。

要点 ノート

乾式粉体の分散は重要な課題であり、粒子に強い剪断力を与えるようなメカニズムの分散機が開発されています。

3. 2. 3
きれいに分離したい

❶サイクロン

サイクロンは低コストで粉体を分離・分級する装置ですが、構造が簡単であるため、流れの制御が理想的であるとはいえません。特に装置サイズが大きくなるほど理想的な流れからずれてくることが知られています。そこで、大型のサイクロンを設置するよりも小型のサイクロンを処理量に見合うだけの数を設置したほうが、高い分離性能を達成できます。これはマルチサイクロンとかマルチクロンといった製品名で実用化されています。

また近年、粗粉回収部の改良と二次空気の導入による分級性能の向上策が提案されています（**図3-2-7**）。図中、逆円錐円筒部から粗粉回収部Aの間に円錐状のブロックBを設置し、これを上下させることにより分離粒子径を調整するとともに、粗粉が微粉上昇流に再飛散しないようにしています。さらに排気管Cからブロワにより排気することによって、円錐状ブロック部での空気流れの乱れを抑制し分級性能向上が示されました。この実験結果は、吉田英人博士によって計算機シミュレーションが行われ、分離径を1 μm以下にできることが示されています。

❷強制渦式空気分級機

強制渦式空気分級機では、遠心力により外側に移動した粗粉を回収する際に

図 3-2-7　サイクロンの分離性能向上技術

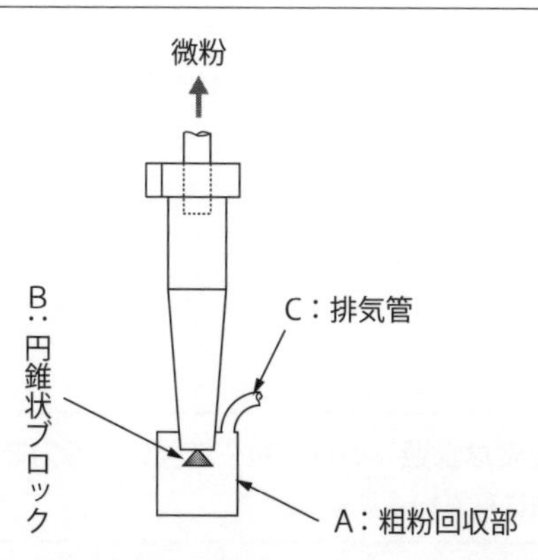

図 3-2-8 強制渦式分級機の性能向上技術（1）

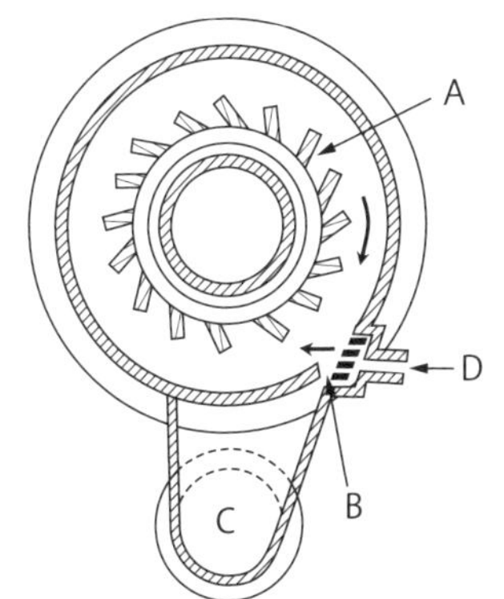

図 3-2-9 強制渦式分級機の性能向上技術（2）

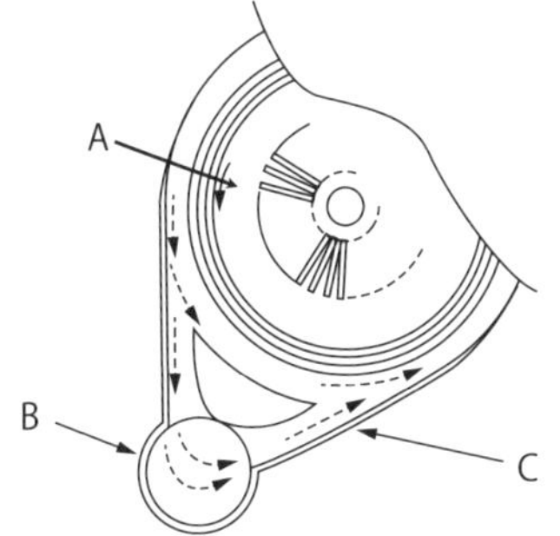

確率的に存在する微粉が粗粉側に混入しないようにすることが分離効率向上のために重要です。**図3-2-8**に強制渦式空気分級機の一例を示します。分級ローターAにより周壁に移動した粗粉は隙間Bを通過して粗粉回収部Cに集められます。このときに隙間Bの近傍に圧縮空気Dを吹き込むと、共存する微粉が内側に移動し、結果として分級効率が向上するというものです。

図3-2-9に別の強制渦式空気分級機の粗粉回収部を示します。分級ローターAの回転により周壁に移動した粗粉は粗粉回収部Bに移動しますが、同時に混入した微粉は、粗粉回収部で新たに発生した遠心力により粗粉回収部では落下せず戻り流路Cにより分級部に戻るような構造が提案されています。

要点 ノート

遠心式分級装置やサイクロンでも粒子を分散させる、流れを整えることでよりいっそう性能が向上します。

3.2.4
形状で分けたい

粉体粒子はさまざまな形状をしているため、形状で分離したいというニーズは多くあります。現在多くの種類の形状分離装置が開発されています。大矢仁史博士は、これまでに開発された多くの形状分離装置について、その分離方法から**図3-2-10**のように分類しています。

第1の分類は、分離対象とする粒子群が形状の差異によって、すべり・ころがり速度に違いがあることを利用しています。このような粒子群を傾斜した面に射出すると形状の差異によって異なった軌跡を描きます。このようにして形状スペクトル展開させ、個々の場所で捕集することによって形状選別が可能となります。

装置的には、可動部をもたない、らせん状の勾配樋を転がす方法（らせん勾配法）、傾斜管を転がす方法（傾斜管法）が挙げられます。

一方、可動部をもつ装置を利用する方法として、傾斜回転円板、回転円錐法、ブレード付傾斜回転円筒法、傾斜振動板法、水平円運動板法、傾斜コンベア法など数多くの方法が提案されています。

第2の分類は、空隙の通過速度の差を利用するタイプです。簡単にいうと篩を使って形状選別を行う技術です。処理する粒子群の形状差が篩の通過速度の差に大きく反映されるような場合には、大量処理に向く有効な方法です。

以上の主要な形状選別技術に属さない方法がいくつかあります。円筒ロールに粒子群を付着させて、形状による付着力の差異を利用して分離する方法や、円筒ロールを多孔板ないしパンチングメタルとして内部を吸引し、粒子をロール表面に吸着させて、形状による吸着力の差異により分離する方法が提案されています。

また、近年急速に進展しつつある画像処理技術を利用した形状選別技術を紹介します。**図3-2-11**にシステムの一例を示します。供給原料はCCDカメラでモニタリングされており、画像はコンピューターにより形状解析されます。判別しきい値を超えた粒子は空気アクチュエーターやエアガンにより弾き飛ばされます。すでに穀物粒からの異形粒の除去などで実用化されています。

図 3-2-10 形状分離技術の分類

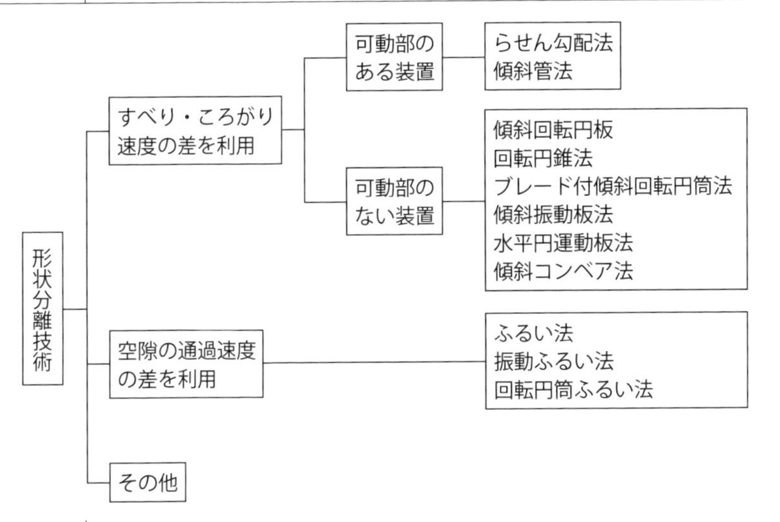

図 3-2-11 画像処理を用いた形状選別技術

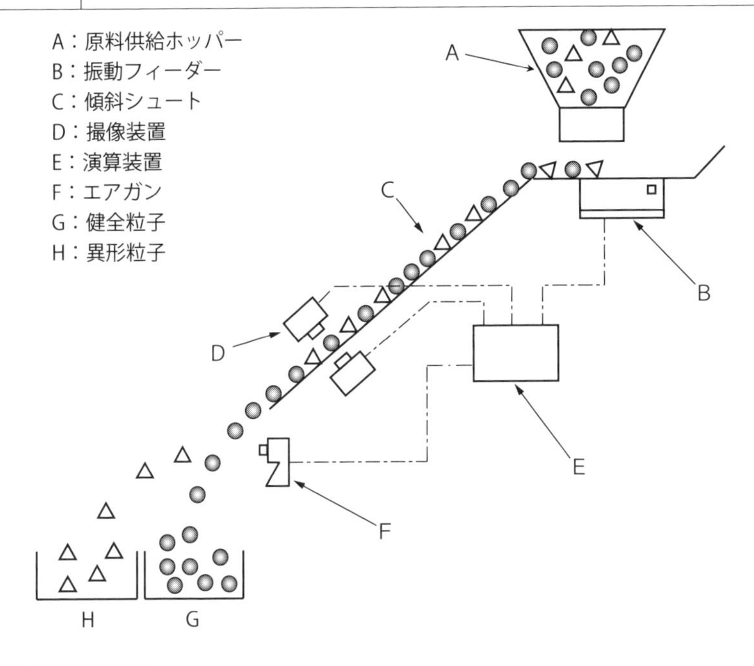

要点 ノート

粒子を形状ごとに分けるために、粒子の運動挙動が形状によって異なることを利用した分離装置・選別装置があります。

3.2.5
濾過を利用した分離

濾過というのは、液体または気体に固体が混ざっている混合物を、多孔質（濾材）に通して、穴よりも大きな固体の粒子を液体または気体から分離する操作です。一番身近な例は、電気掃除機です。電気掃除機は吸引した空気中のダストを紙袋で濾過して、空気中のダストを捕集する機械ですが、空気中のダストのサイズに比べて紙袋の開口径は大きいのが通例です。これは、ダストの捕集が進行すると紙袋の内面にダストの層が形成され、ダストの層によってより細かいサイズのダストを捕集することが可能となるという原理に基づきます。

❶バグフィルター

産業用装置でこの原理を応用したものがバグフィルター（bag filter）です。**図3-2-12**に示すように織布あるいは不織布を濾布として装置内に吊り下げた構造をしていて、気流は筒状の外側から内側に流れ、ダストは筒の外側に付着していきます（図中左側）。このままですとダスト層が厚くなり過ぎて圧力損失が大きくなり、運転できなくなりますので、図中右側のように、逆洗管を通じて逆方向の空気流を発生させ物理的な力で払い落す必要があります。ところがこの払落しはダストを再飛散させる行為でもありますので、どのような手段で払い落すか、どれくらいの頻度で払い落すのかは、バグフィルターの捕集性能を決める上でたいへん重要です。

払落しの方式としては、濾布に振動を与える、清浄側（下流）から空気を流す、清浄側からパルス状の圧縮空気を吹き付ける、といった方式があります。実際の運転では、濾布前後の圧力損失を測定しておき、一定の圧力損失になったら払落しを行う、といった制御がされています。清浄な濾布からの運転では、当初は出口のダスト濃度が高く、濾布表面にダスト層が形成されてくると、ダスト層による捕集機構が機能して、捕集効率は高くなります。

❷エアフィルター

バグフィルターとは別に、エアフィルター（air filter）という集塵装置があります。低濃度のダストを含む空気を高い清浄度で処理をしたい場合に用いられます。半導体製造工程や病院の手術室などが該当する環境です。エアフィル

図 3-2-12 バグフィルターの構造

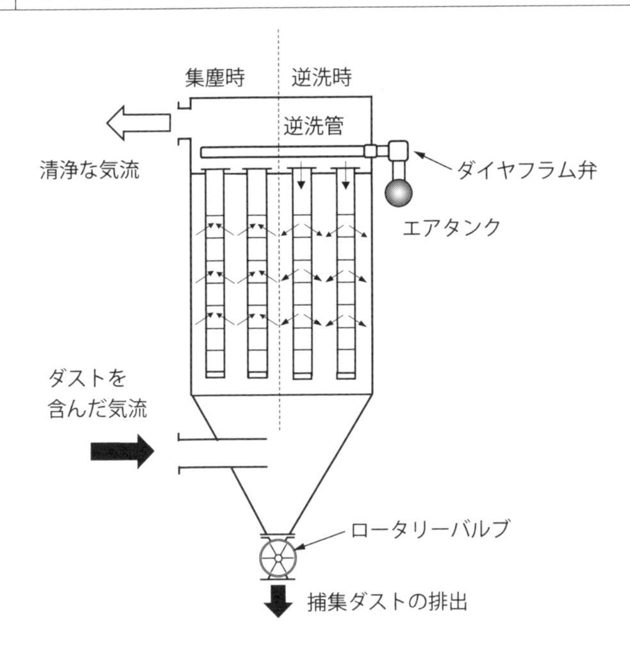

ターは、ガラス繊維、セルロース、ナイロン繊維などの空隙率の高い濾材で、清浄な状態では圧力損失がほとんどないことが特徴として挙げられます。エアフィルターの捕集機構は、ダスト粒子が慣性力で繊維に衝突することと、ブラウン運動によって繊維へ衝突することです。比較的大きなダスト粒子の場合は慣性衝突が支配的で、微小粒子の場合はブラウン運動による衝突が支配的です。両者の効果が一番弱い0.3 μm領域で粒子の透過率が高くなるため、性能評価には0.3 μmの粒子捕集率で評価されます。

特に高い清浄度を要求される半導体製造クリーンルーム用にHEPA（High Efficiency Performance Air）フィルターと呼ばれるエアフィルターが使われています。捕集層にはガラスウールの充塡層（空隙率90 %程度）が用いられており、JISでは「定格風量で粒子径が0.3 μmの粒子に対して99.97 %以上の粒子捕集率をもち、かつ初期圧力損失が245 Pa以下の性能をもつエアフィルター」と決められています。

要点 ノート

バグフィルターやエアフィルターは、大型の火力発電所からクリーンルームまで幅広く分離装置として活用されています。

3.2.6
静電気力を利用した分離

電気集塵装置（electrostatic precipitator）は、荷電粒子に働くクーロン力を利用して、粒子を捕集する装置です。**図3-2-13**に示すように、ワイヤーなどの放電極に高電圧をかけるとコロナ放電が起こり、空気分子がイオン化されます。空気中に粒子が存在すると、イオンが粒子に付着して粒子は荷電され、電圧をかけて帯電粒子を集塵極へ移動させて捕集します。したがって、電気集塵機の捕集効率は、粒子の荷電効率、電界中での粒子の移動速度によって決定されます。産業用電気集塵機では、コロナ開始電圧が低く、安定した放電が得られる負コロナ（放電極に負の高電圧をかける）が用いられますが、室内空気浄化用電気集塵機では、オゾンの発生が負コロナに比べて約半分になる正コロナが用いられます。

電気集塵機は、圧力損失が200 Pa以下と低く、1 μm以上の粒子に対して99 %以上の高い捕集効率が得られます。構造が簡単で保守点検が容易などの理由から、さまざまな粉塵の除去に利用されてきました。一方、短所として、ガス流量が大きい場合では装置が大きくなり高電圧をかけるので建設費が高くなる、粒子の電気抵抗によって逆電離や集塵極での粒子の跳ね返りが起こるため含塵ガスの湿度、温度を調節して粒子の電気抵抗率（単位体積の電気抵抗）を一定範囲（10^2～10^9 Ω·m）に調整する必要があることが挙げられます。電気抵抗率が高すぎると捕集極に堆積した粉塵層内で逆電離と呼ばれる逆放電が起こって集塵できなくなり、逆に低すぎると捕集極に捕集されても電荷が失われて再飛散が起こります。粉塵の電気抵抗率は**図3-2-14**の石炭燃焼灰の事例でもわかるように、温度や湿度によって大きく変化するため調整が困難です。また、付着性の粉塵では集塵極での粒子の払い落としが困難になり捕集性能が落ちるといった課題もあります。

電気集塵機の捕集効率Eは、一般に次のような式で推定されます。

$$E = 1 - \exp\left(-\frac{v_e S}{Q}\right)$$

ここで、v_e [m·s^{-1}] は電界による荷電粒子の移動速度、S [m^2] は集塵電極の面積、Q [m^3·s^{-1}] は単位時間あたりのガスの処理量です。この式はドイチュ

図 3-2-13 電気集塵の原理

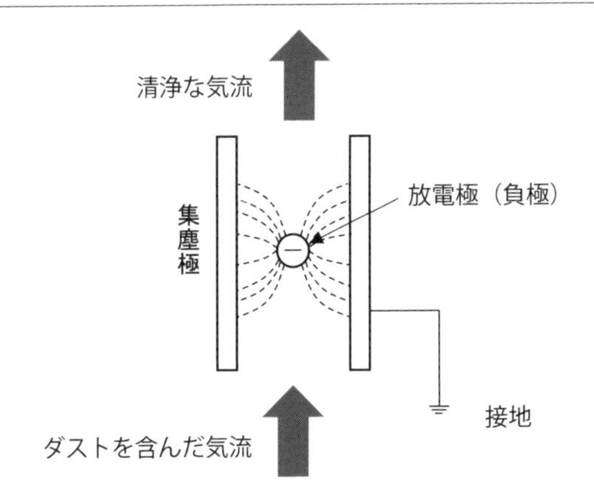

図 3-2-14 石炭燃焼灰の電気低効率の温度・湿度依存性

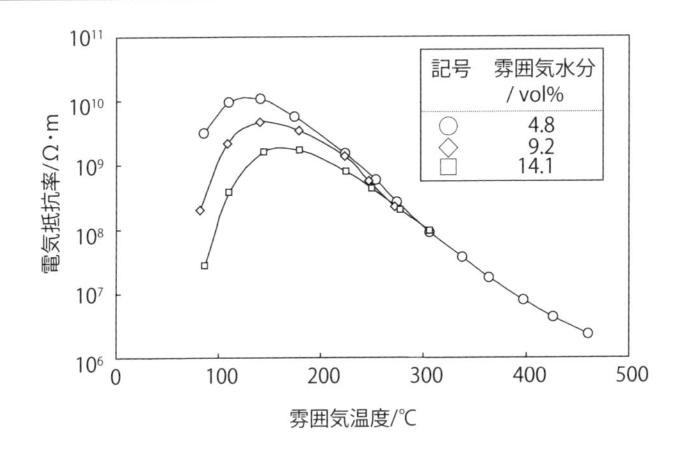

（Deutsch）の式と呼ばれ、電気集塵機の大まかな捕集効率を推定する上で重要な式です。

要点 ノート

静電気の力を利用した電機集塵装置は、圧力損失が非常に低いのが特徴で、大型の火力発電所からクリーンルームまで活用されています。

3.3.1

細かく粉砕したい

第2章では、さまざまなタイプの粉砕機をご紹介しましたが、同時に乾式粉砕法では、それ以上細かくできないという粉砕限界があることも示しました。その理由としては、粉砕を続けていくと、粉砕によって生成した微粒子が再び凝集してしまい、最終的に凝集と粉砕が拮抗してしまうことが挙げられます。経験的に粉砕限界径は数μmとなることをお話ししました。

その前提に立つと、粉砕して生成した微粒子を生成したそばから除去しながら粉砕を行えば、粉砕限界の粒子径をより微小にできることになります。そこで粉砕機と分級機を接続させたシステムを構築することを考えてみます。

図3-3-1は、粉砕機と分級機を1機ずつ配置したシステムです。近年の高性能分級機は、サブミクロンカットを謳っているものがありますので、高性能分級機を選定し、微粉を製品（サブミクロン粒子ないしナノ粒子）とし、粗粉は再び粉砕機に戻すことで連続運転が可能となります。

図3-3-2は、粉砕物からある粒子径の範囲の画分を得ることを目的としたシステムです。分級機1により、粉砕物から粗粉1（粒子径の大きな画分）を除去し、分級機2により、微粉2（粒子径の小さな画分）を分離した、粗粉2が製品となります。一方、ナノ粒子を製造するという観点からいいますと、分級機1で分離した微粉画分には、わずかながら凝集粒子が混入していることがあります。そこで凝集粒子を分離する目的で分級機2を配置し、微粉2（微粉製品）を得ることによって、結果として微粉砕を達成するというシステムです。

微粉製品の要求仕様によって、いずれかを選択することになりますが、このシステムですと、粉砕機と分級機を接続する配管や粗粉を粉砕機に戻す配管中での凝集が起こることが予想されますので、粉砕物や分級物を装置の外に出すのではなく、粉砕機と分級機を一体化して粉砕品を凝集させることなく分級し、分級した粗粉を凝集させることなく粉砕機に戻すことが可能となります。

工業的には、粉砕機の粉砕室に乾式空気分級機を内蔵させたタイプの装置が数多く開発されています。その一例を**表3-3-1**に示しました。

図 3-3-1 粉砕機と分級機の組み合わせ（1）

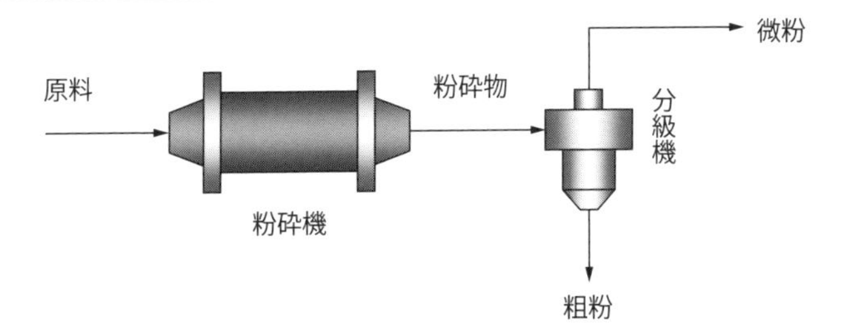

図 3-3-2 粉砕機と分級機の組み合わせ（2）

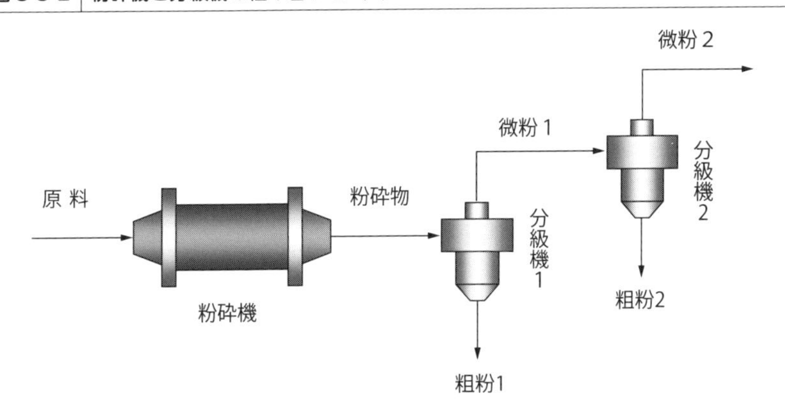

表 3-3-1 分級機を内蔵した粉砕機システムの事例

メーカー	装置名称	粉砕機	分級機
日本ニューマチック工業	IJM 粉砕機	ジェットミル	半自由渦式
Hosokawa-Alpine	AFG/TFG 型	ジェットミル	強制渦式
石川島播磨重工業	SH ミル	ローラーミル	強制渦式
栗本鐵工所	VX ミル	ローラーミル	強制渦式
NETZSCH-CONDUX Mahltechnik（独）	e-jet system	ジェットミル	強制渦式

要点 ノート

分級機と粉砕機を組み合わせることで、粉砕したものから微粉ないし粗粉を分離することで、粉砕限界径をより小さくすることができます。

3.3.2
粉砕によるナノ粒子

金属製あるいはセラミックス製のボールを容器に充填して、撹拌棒、回転円盤などによって撹拌し、ボールに運動を与えて粉砕を行う媒体撹拌型粉砕機は1940年代から実用化されていましたが、近年、1 mm以下の小さなセラミックス製の媒体と一緒に粉砕することで、1 μmを切るような微粒子を得ることができることがわかってきました。**図3-3-3**に大粒径のボールと小粒径のビーズを比較したイメージ図を示します。ビーズのほうが単位体積あたりの媒体の接触点が多いことがわかります。乾式よりも湿式のほうが粉砕物の粒子径を小さくすることができます。小さな媒体をビーズということからビーズミル（bead mill）という名称も一般的です。

ビーズミルの媒体のサイズは、0.03 mmから2 mmくらいまであり、一般にビーズ径を小さくすれば粉砕物の粒子径も小さくなります。ビーズの素材としては、ジルコニア、アルミナ、窒化ケイ素、ガラスなどが使われます。

粉砕速度を上げるには、ビーズの充填率を上げること、周速度を大きくすることが必要です。ただ、周速度を上げ過ぎると、発熱やビーズの摩耗が促進され、粉砕物に悪影響が現れる可能性があるため、最適条件を見極める必要があります。

ナノ粒子の生成を目的とした湿式ビーズミルでは、0.1 mmのジルコニアビーズを用い、容器へのビーズの充填率は70 %から90 %、撹拌羽根の周速度が$10\ m\cdot s^{-1}$の条件で、20分程度で中位径が数10 nmの微粒子を得ることが可能となりました。

現在多くの産業分野でビーズミルは用いられています。炭酸カルシウム、粘土鉱物、酸化チタン、酸化亜鉛、酸化鉄、カーボン、顔料、磁性材料、チタン酸バリウム、ガラス、シリカ、純金属など多くの材料の粉砕事例があります。

図3-3-4に媒体撹拌型粉砕機の一例を示します。図3-3-4（1）の縦型粉砕機では、放射状にピンが配置された回転体により被粉砕物と媒体が撹拌されながら粉砕が進行します。原料は装置下部から供給され、粉砕室上部のメッシュないしパンチングメタルで媒体を分離した後、粉砕品を溶媒とともに排出する構造となっています。図3-3-4（2）の横型粉砕機では、円盤が配置された回転

図 3-3-3 媒体のサイズによる粉砕空間の違い

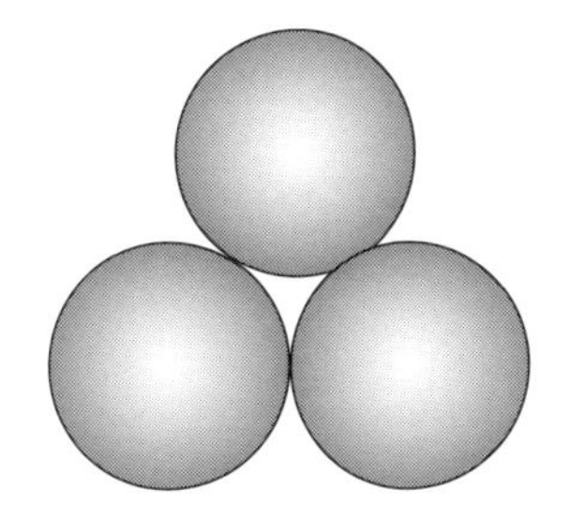

（1）ボールミル

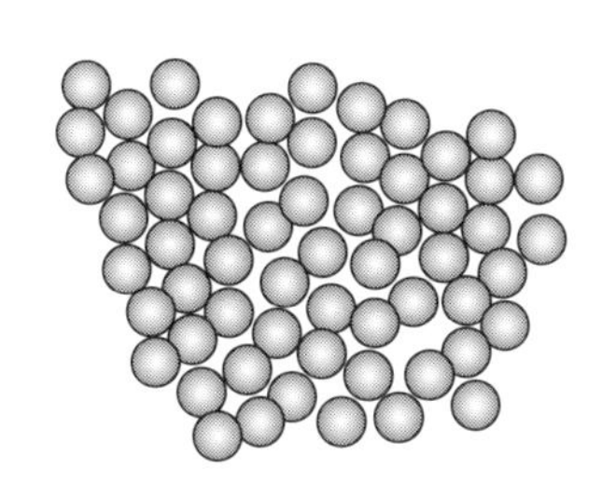

（2）ビーズミル

図 3-3-4 媒体攪拌型粉砕機の一例

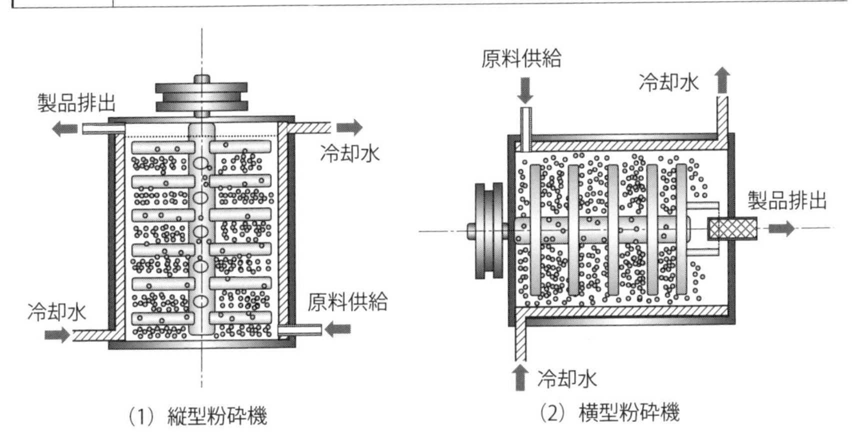

（1）縦型粉砕機　（2）横型粉砕機

体により被粉砕物と媒体が攪拌されながら粉砕が進行します。原料は装置左方上部から供給され、右側側面中央に配置されたスクリーン（網）により分離を行っています。

要点 ノート

媒体のサイズをミリからミクロンサイズまで小さくし、原料と媒体を強く攪拌することで、数10 nmのナノ粒子を製造することができます。

3.3.3
液相析出によるナノ粒子

❶液相法でナノ粒子を作るときの考え方

水とアルコールを混ぜると最後には完全に均一になります。この状態では、分子レベルで混ざり合っていると考えられます。液体を原料として粉体粒子を作る場合にもこの原理を利用するのですが、ここで一つ問題があります。

水とアルコールは最終的には均一になりますが、水にアルコールを入れた最初の瞬間は不均一です。したがって液体Aに液体Bを入れて、粒子Cを作る場合、液体Bを入れるそばから粒子Cができてしまうのであれば、均一な粒子を作ることは不可能です（**図3-3-5（a）**）。混合が完全に終了した後に、粒子ができる反応が進行しなければなりません（**図3-3-5（b）**）。

❷アルコキシド法

金属アルコキシド（metal alkoxide）はその一例で、ゆっくりと加水分解反応を起こして金属酸化物の微粒子を生成します。金属アルコキシドはアルコールの水酸基の水素を金属に置換した化合物です。チタンイソプロポキシドという金属アルコキシドをアルコール中で十分に希釈して、アルコールで希釈した水を少しずつ添加すると下のような化学反応により加水分解を起こします。加水分解はゆっくりで、所要量の水を滴下し終わっても溶液は無色透明ですが、しばらくすると溶液は乳白色になっていき、溶液中で二酸化チタンのナノ粒子が生成します。水の量が少なすぎると粒子径分布の広い微粒子が得られ、逆に多すぎると凝集が進行し、粒子径は大きくなる傾向にあります。金属アルコシキシド濃度はある程度低いほうが粒子の成長を抑制することができますが、やはり最適添加濃度があります。均一な混合が達成され加水分解速度がうまく制御された場合、粒子径のそろった分散性のよいナノ粒子ができます。

$$Ti(OC_3H_7)_4 + 2H_2O \rightarrow TiO_2 + 4C_3H_7OH$$

❸均一沈殿法（precipitation from homogeneous solution）

水素イオン指数（pH）によって反応速度の変わる物質を用いて、沈殿を生成させる前に反応速度の遅いpH条件で完全混合状態にすることを特徴とするのが均一沈殿法です。一例として、尿素の加水分解を利用した均一沈殿法により、核となる粒子の表面にイットリア添加ジルコニアナノ粒子を析出させま

図 3-3-5 液相法によるナノ粒子製造は溶液の均一性が重要

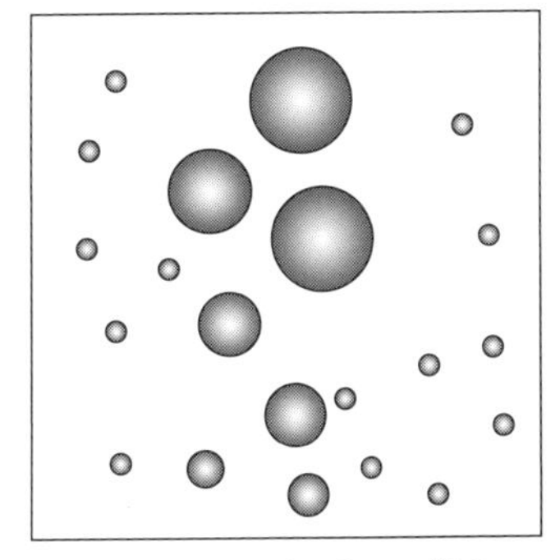

(a) 反応液が不均一の場合

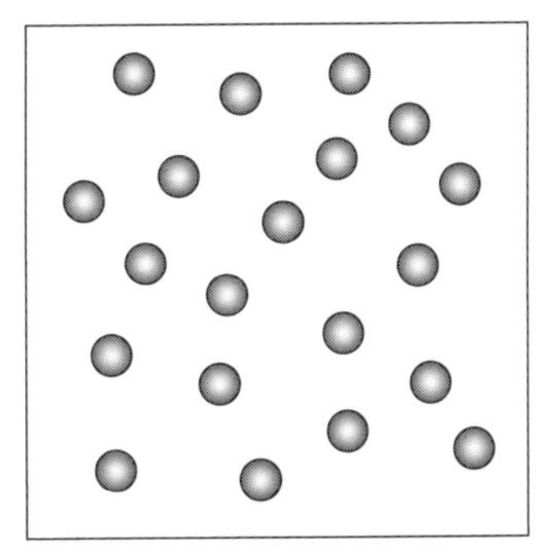

(b) 反応液が均一の場合

す。まずオキシ塩化ジルコニウム（$ZrOCl_2$）と塩化イットリウム（YCl_4）を尿素溶液に溶かし、核になる粒子を入れてよく攪拌します。尿素は室温で水によく溶け、常温ではpHが7.2程度の中性溶液ですが、70℃くらいに加熱すると下記のような反応により、アンモニアを生成しアルカリ条件になります。

$$(NH_2)_2CO + 3H_2O \rightarrow 2NH_4^+ + 2OH^- + CO_2$$

この状態で、イットリアとジルコニアの微細な沈殿が核粒子の表面に析出します。

❹溶媒蒸発法

前述の方法は、沈殿物を水洗、濾過により回収することが困難であること、沈殿剤がコンタミネーションの原因になること、複数成分を沈殿すると分離が起こることなど、いろいろな課題があります。その課題を解決する方法として、沈殿回収するのではなく溶媒を蒸発させて乾燥粉体の状態で回収する溶媒蒸発法が開発されました。

原理はスプレードライヤーと同じで、二流体ノズルにより溶液を微小な液滴に分散させて、噴霧させて落下させることで乾燥粉体を得る方法です。この方法の利点は、液滴が微小であるため、液滴ごとの偏析が最小に抑えられること、沈殿回収操作を必要としないため、多成分のナノ粒子でも容易に回収できることです。

要点 ノート

液相の化学反応を利用してナノ粒子を製造するときは、原料が完全に均一になってから反応が進行するようにすると微細で粒子径のそろったナノ粒子を得ることができます。

3.3.4
気相生成によるナノ粒子

❶伝統的なナノ粒子

墨は日本の伝統工芸です。中国から伝わった墨の技術は平安時代末期になると、それまでの松の古木を燃やして得られる「煤（すす）」に代わって、油を燃やして得られる「煤」から墨を作る技術が開発されました。油煙墨の製造では油を燃やすため、松よりも燃焼温度が高く、0.1〜0.2 μm径の微細な「煤」が得られます。炎の先から立ちのぼる「煤」を、雁振（がんぶり）と呼ばれる陶器製の蓋に付着させ、雁振に付いた「煤」を鳥の羽で作った箒（ほうき）で回収します。気相法によるナノ粒子製造システムの原点をここに見ることができます。

❷熱CVD法

熱CVD（thermal chemical vapor deposition）法とは、高温の炎の中で化学反応を起こし、安価にナノ粒子を大量に製造する技術です。対象となるナノ粒子は、微粒子の付着防止を目的として添加される二酸化ケイ素や化粧品などに添加される二酸化チタン粒子などです。日本アエロジル株式会社は、水素・酸素の燃焼反応を用いて高温の火炎を形成させ、その中でハロゲン化物から酸化物ナノ粒子を製造する技術を開発しています。

図3-3-6に示すように、支燃性ガス供給管を開いて酸素ガスをバーナーに供給し、着火用バーナーに点火した後、可燃性ガス供給管を開いて水素ガスをバーナーに供給して火炎を形成し、これに四塩化ケイ素を蒸発器にてガス化して供給し、生成した二酸化ケイ素ナノ粒子をバグフィルターで回収するというシステムです。

❸プラズマ中蒸発法

セラミックスのような高融点物質をアルゴンガスのプラズマなどを用いて蒸発させ、温度の低い領域で凝縮させるのがプラズマ中蒸発法です。プラズマ炎の中に原料粉体を投入し浮遊させながら蒸発させるため、粉体のハンドリング技術が求められます。

プラズマの発生法としては、電極間のアーク放電を利用するDCプラズマと、コイルに高周波を印加することによって誘導させるRFプラズマがあります。両者の特性を併せもつDCプラズマとRFプラズマを併用するハイブリッ

図 3-3-6 化学炎 CVD 装置のフローシート

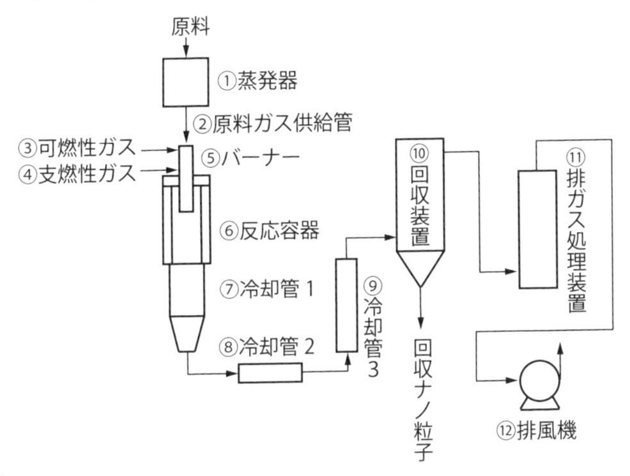

図 3-3-7 ハイブリッドプラズマ装置の構造

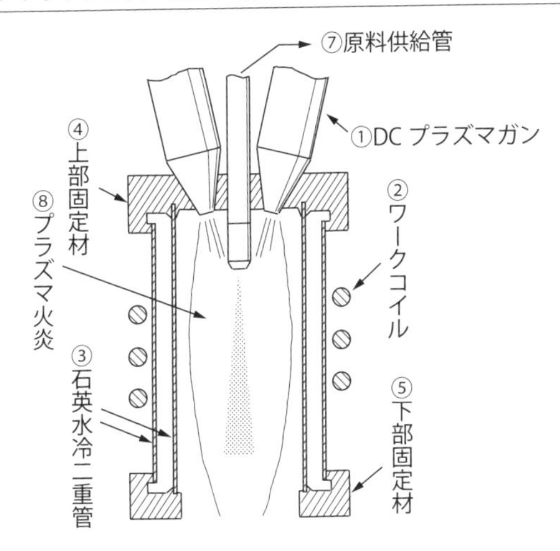

ドプラズマ技術が1980年代後半に開発されています。**図3-3-7**にハイブリッドプラズマ装置の概略図を示します。①DCプラズマガンと②ワークコイルにより形成させたプラズマ火炎に原料粉体を投入して蒸発・凝縮させます。

要点 ノート

融点の高いセラミックスなどのナノ粒子を製造するには、プラズマの高温の炎で蒸発・凝縮を経て製造する方法があります。

3.4.1
カバー力を向上させたい

素材の結晶構造によって、粉砕粒子の形状が平板状になるものがあります。粘土鉱物は、ケイ素と酸素の四面体シートとアルミニウムやマグネシウムなどと酸素からなる八面体シートが積層した平面状の結晶構造をしており、その粒子も結晶構造を反映して平板状になる傾向があります。**図3-4-1**は粘土鉱物の一種であるスメクタイト（モンモリロナイトともいいます）粒子のSEM像写真です。結晶面に沿って劈開（へきかい）している様子がよくわかります。粘土鉱物は、その組成によってさまざまな結晶構造をもっており、個々に名称がつけられています。実際の化粧品成分表では、タルク、カオリン、マイカ、セリサイトといった記載が見られます。

タルクは、天然石の滑石を粉砕・分級して得られる微粉体で、組成は含水ケイ酸マグネシウム$Mg_3Si_4O_{10}(OH)_2$です。この粉体は付着性があるものの、噴流性があり、ニューマチック輸送などでのハンドリング性は非常に良好です。カオリンは、陶磁器の原料になる鉱物で白色の粉体です。マイカやセリサイトは雲母のグループです。粘土鉱物は、詳しくは、結晶層間距離で分類されますが、ここでは紙面の都合で省略します。

平板状粒子は球形粒子と異なり、接触面積が大きいため付着力は比較的大きくなります（**図3-4-2**）。第1章で述べたように、粉体と粒体は自重とファンデアワールス力の大小関係で決まりますが、平板粒子は接触面積が大きいため、結果として丸っこい粒子よりも、大きな粒子径まで付着性が支配的になります。その結果として、ファンデーションなどの化粧品に添加すると、肌にぴったりくっつくといった効果が現れます。また表面を覆い隠す効果もあるので、光の遮蔽、肌の油分を遮断する、といった効果が期待できます。平板粒子の中でも、マイカは光を反射する性質があるため、化粧品としての付加価値を高める効果があります。

ベビーパウダーは、乳幼児のあせもやただれ防止のために皮膚に塗布する製品で、主成分はタルクです。**図3-4-3**にベビーパウダーの走査型電子顕微鏡（SEM）像写真を示します。平板状の粒子で構成されているのがよくわかります。タルクの平板状の粒子によって皮膚を覆い、皮膚同士の接触を防ぐ効果が

図 3-4-1 スメクタイト粒子

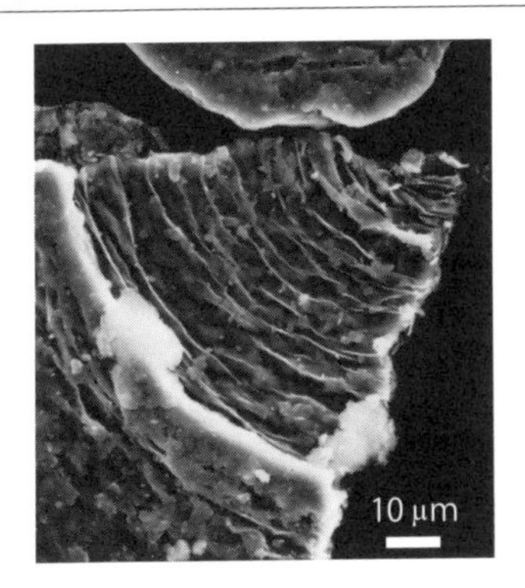

図 3-4-2 平板状粒子と球形粒子の付着性の違い

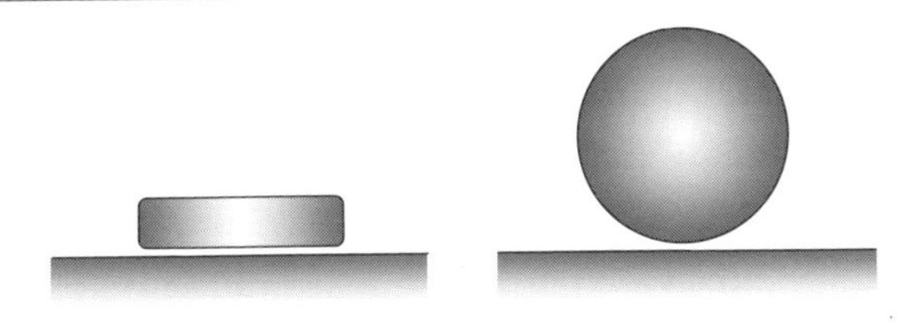

図 3-4-3 ベビーパウダーの走査型電子顕微鏡写真

あります。同じ目的で昔から使われている天花粉は、ウリ科の植物であるキカラスウリの根のデンプンを使っています。デンプンも皮膚同士の接触を軽減する効果があります。

要点 ノート

粒子が平板状の場合、球形粒子よりも付着性が強くなり、その性質を利用した粉体特性改良法があります。

3. 4. 2

微粒子を複合化したい

❶粒子の複合化による機能発現

粒子を複合化することによって、新たな機能を発現させる試みは、多くの産業分野で行われています。数μmレベルの微粒子を複合化することによって新たな機能発現を狙う技術は活用度合いが高いといえます。

❷機械的複合粒子製造のメカニズム

機械的複合粒子製造装置は、粒子群に剪断、圧縮を加えて、複合化を図るものです。また近年、微粒子の表面に液膜を形成して乾燥させ複合化を行う装置や複合化を行う成分を懸濁液にして噴霧し、乾燥と造粒を行いながら複合化を図る装置が開発されています。複数の粉体機器メーカーから、微粒子の複合化専用機が製品化されているので、ここで紹介いたします。

❸実用化されている機械的複合粒子製造装置

表3-4-1に代表的な機械的複合粒子製造装置の一覧を示します。

スピラコータは、流動層の底面に攪拌羽根がついていて、流動層を回転させる機能をもっています。これは転動流動層と呼ばれ、微粒子へのコーティングを効率よく行うことが可能です。流動層は、微粒子複合化のための効果的な手法の一つであり、単純な流動層形式の装置にさまざまなメカニズムを付与して微粒子複合化の機能を高めています。

メカノフュージョンシステムは、回転する円筒容器内部の内面に相対するインナーピースと呼ばれる固定部材と容器内面との間で発生する圧縮力、剪断力、および摩擦力を利用してメカノケミカル効果を発現させることを目的とした装置です。

ハイブリダイゼーションシステムは、回転羽根とそれを取り巻く固定羽根からなる構造をしており、回転羽根による高速渦流の発生と固定羽根への粒子群の衝突により、粒子群に衝撃力を与えて、微粒子の複合化、表面改質を図る装置です。

クリプトロンオーブは、回転する積層した円盤型ローターと相対するステータ（固定部材）により、粒子群に衝撃力を与えて粒子の複合化・表面改質を図る装置です。

表 3-4-1 市販されている機械的複合粒子製造装置

装置名	会社名	方法
スピラコータ	岡田精工	乾式：転動、コーティング
メカノフュージョンシステム	ホソカワミクロン	乾式：圧縮・摩擦
ハイブリダイゼーションシステム	奈良機械製作所	乾式：衝撃
クリプトンオーブ	アーステクニカ	乾式：衝撃
シータコンポーザ	徳寿工作所	乾式：剪断・圧縮
コートマイザー	フロイント産業	乾式：ジェットコーティング
COMPOSI	日本コークス工業	乾式：剪断・衝突
スプレードライヤー	大川原化工機	湿式：液滴乾燥

シータコンポーザは、低速回転する楕円型容器とその中心で高速回転する楕円型ローターが互いに反対方向に回転することで、粒子群に剪断力と圧縮力を加えて複合化を図る装置です。

コートマイザーは、第一成分の噴流層を形成させ、一方、第二成分を含む懸濁液をプレーノズルで噴霧させることにより、第二成分を第一成分の表面に被覆する装置です。

COMPOSI（コンポジ）は、内部に高速回転羽根と固定邪魔板が配置されていて、投入原料は流動化されると同時に、強い剪断力と圧密作用により混合・分散が進行し、造粒・球形化の進行とともに粒子表面でメカノケミカル反応を進行させる装置です。

スプレードライヤーは、複合化しようとする原料を懸濁液として、装置上部の噴霧器から分散供給し、装置内を落下する過程で、乾燥・造粒を達成することにより複合化を図る装置です。

粒子の複合化による機能発現は、以上のように、既存の混合機、粉砕機、分離機などをうまく使うことにより効率よく生産することが可能であることを示しました。

要点 ノート

粉体の基本的な性質である、凝集・付着現象を利用した微粒子の複合化を行う装置が数多く開発されていて、さまざまな用途に活用されています。

3.4.3
機能性を付与したい

❶水分を保持する

塩化マグネシウム（$MgCl_2$）は、吸湿性があり、粉体自体をしっとりとさせる効果があります。また糖類のトレハロースには強い保水性があり、この機能を活用した食品や化粧品が開発されており、今後も新たな用途開発が期待されています。

❷機能性物質を安定化させる

環状あるいは筒状の構造をもつ分子の中には、環や筒の中に異種分子を取り込み安定化するものがあります。これを包接化合物といいます。

シクロデキストリンという糖類は、**図3-4-4**に示すようにグルコースが6個手をつないだ環状の構造をした分子であり、環の中にいろいろな分子を包接する性質があり、フレーバー物質など、通常では揮発しやすい不安定な分子を取り込むことにより、安定して存在させることができます。この物質はデンプン分解酵素の影響を受けにくく、また、熱的にも安定で200℃程度までは分解しません。

現在では非常に多くの応用事例があり、食品分野では、ハッカ、ワサビ、カラシ、シナモンなどの香辛料、医薬品分野では、疎水性医薬物質の可溶化、安定化、化粧品分野では香料の安定化、揮発防止などに利用されています。

❸マイクロカプセル

医薬品は、もともと体内に取り込まれ、いろいろな組織が有効成分を吸収することによってその効果を発現させるものです。ここで、薬効成分を基材となるポリマーの中に取り込んだ複合粒子を作ることによって、薬効成分の放出速度を調節することができるようになります。基材としては、アルブミン、ゼラチンのようなタンパク質、あるいはポリアクリルシアノアクリレートやポリアクリルアミドなどのポリマーが用いられます。これらを薬効成分や架橋剤などとともに均一な溶液を作り、それぞれの基材に適した方法で複合粒子化されます。このような医薬品分野の複合粒子をマイクロカプセルといいます。**図3-4-5**にマイクロカプセルの製造フローシートの一例を示します。マイクロカプセルのサイズは重要で、12 μm以上の粒子を動脈内に投与すると、動脈の抹

図 3-4-4 α-シクロデキストリンの分子構造

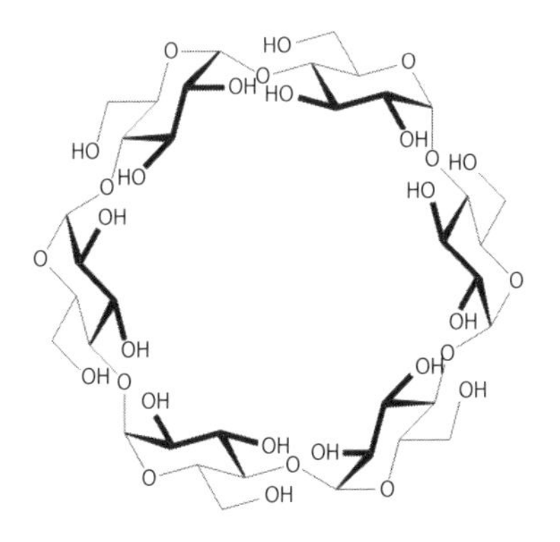

図 3-4-5 マイクロカプセルの製造フローシート例

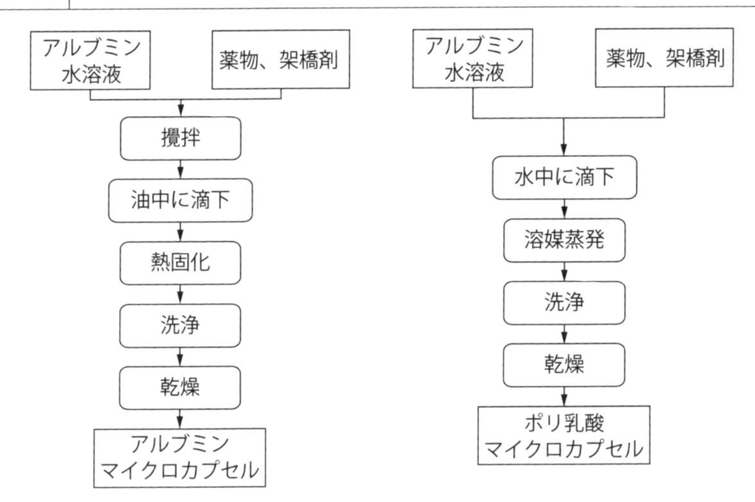

消部で詰まって、その場で薬効成分を放出することができます。このようなマイクロカプセルの利用法をドラッグデリバリーシステム（drug delivery system；DDS）と呼んでいます。

要点 ノート

吸湿性、分子構造などさまざまな物質の基本的な性質を利用した機能性粉体があります。

3.5.1

【実践演習】付着性の評価

【問】

付着力と流動性の関係を考察します。比較的乾燥した環境下で静電気の影響が無視できる場合、付着力はファンデアワールス力が支配的となります。粒子径xが直径1、10、100 μm、および1 mmの球形粒子について、付着力の大きさと粒子の自重を計算し、両対数紙にプロットしなさい。

ただし、ファンデアワールス付着力Fは、

$$F_v = \frac{A}{24z^2}x$$

で与えられ、ハマカー定数$A = 1.5 \times 10^{-19}$ J、粒子間隙$z = 10$ nmとします。また、粒子密度$\rho_p = 2.0 \times 10^3$ kg·m^{-3}とします。

(1) 下記の表を埋めなさい。

粒子径x/μm	付着力F_v/N	粒子の自重F_g/N
1		
10		
100		
1000		

(2) 得られた数値を両対数紙にプロットしなさい。

(3) 付着力の大きさと自重の間にはどのようなことがいえるでしょうか？

【解答】

(1)

粒子径 x/μm	付着力 F_v/N	粒子の自重 F_g/N
1	6.25×10^{-11}	1.03×10^{-14}
10	6.25×10^{-10}	1.03×10^{-11}
100	6.25×10^{-9}	1.03×10^{-8}
1000	6.25×10^{-8}	1.03×10^{-5}

(2)

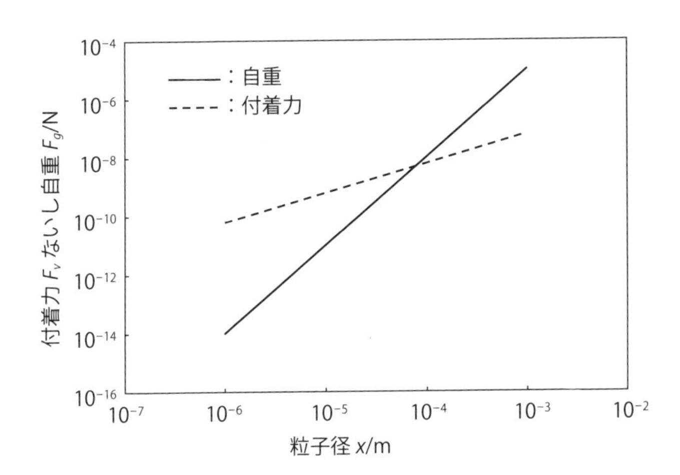

(3) 粒子径が約80 μm以下では付着力のほうが大きく、約80 μm以上では粒子の自重のほうが大きくなっている。

要点 ノート

付着力と粒子の自重の絶対値を知り、その大小関係を把握しておくことは粉体ハンドリングの基本です。

3.5.2
【実践演習】ニューマチック輸送の静電気対策

ニューマチック輸送は、管路内を空気によって固体を搬送する技術のことです。粉体技術の分野では、空気輸送とか空気搬送と呼ばれることが多いのですが、「空気を輸送する」という意味にもとられかねないので、筆者は原語が「pneumatic transport」であることからニューマチック輸送と呼びたいと考えています。この用語は、「空気力学的な輸送」というまさに適切な用語ですが、先人の誰かが「力学的な」を省略したところから混迷が始まっているように思われます。

ニューマチック輸送は、ベルトコンベア、チェーンコンベアなどの機械式輸送装置と比べた場合、いくつかの利点があります。

①異物混入の可能性が少ない
②輸送物の飛散が少ない
③輸送経路が自由に設計できる
④経路途中で分岐が可能
⑤補修はベンド（配管の曲がり部；摩耗しやすい）が中心で容易
⑥設備費が比較的安価

以上のことから、食品原料、化学原料、セメント、鉱産物、微粉炭など製造工程において、粉粒体の形態をもつものはニューマチック輸送の対象となります。さらに近年では都市におけるゴミの輸送にも応用されています。

【問】

ニューマチック輸送の方式には、2.5.1項で学んだように、下流側から吸引ファンで引っ張る吸引方式と上流側からルーツブロワなどで空気を押し込む圧送方式の2種類があります。いずれも空気の流れで粉体を輸送する方式のため、粉体粒子と配管内壁との間で、衝突・摩擦が起こり、静電気が発生することが予想されます。そこで配管を接地し、除電をすることによって付着を防ぐことがよく行われます。ニューマチック輸送の配管系の接地以外に輸送に伴う帯電を軽減する方法について考察しなさい。

【解答例】

ニューマチック輸送では、粉体粒子が配管壁に衝突することによって、粒子と配管壁との間で電荷の移動が起こり、強く帯電します。これは「衝突帯電」現象と呼ばれ、衝突速度が高いほど、衝突時の粒子と配管壁との接触面積が大きくなり、短時間に電荷の移動が起こります。

粒子の帯電は、強い付着性につながり、ひいては配管内の閉塞を引き越します。また、電荷の移動が不十分な場合、放電現象が起こり、最悪の場合粉塵爆発の危険性があります。さらには作業者が何らかの原因で帯電すると、人体からの放電により静電気災害に至ることがあります。したがって、配管の接地はもとより、粒子の帯電を防ぐ必要があります。

粒子の衝突帯電は、単一粒子のときに最も強くなることが知られています。そこで、輸送する粉体の濃度をある程度高くして衝突帯電を軽減することで継続的なニューマチック輸送を達成することができます（図3-5-1）。

そのほかに静電気を逃がすことのできる作業床の設置、作業者に帯電防止用靴、帯電防止作業服の着用が挙げられます。静電気放電は、物体間の電位差が約30 $kV \cdot cm^{-1}$を超えると起こることが知られています。

なお、現場では「アースをとる」という言葉がよく使われますが、「接地する」と「接地をはずす」いずれか判然としないため、使わないほうがよいでしょう。

図3-5-1 ニューマチック輸送における帯電軽減策

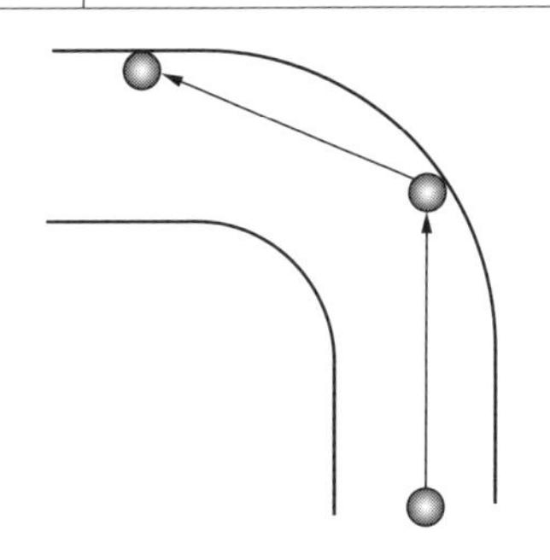

(1) 単一粒子の配管壁への衝突帯電

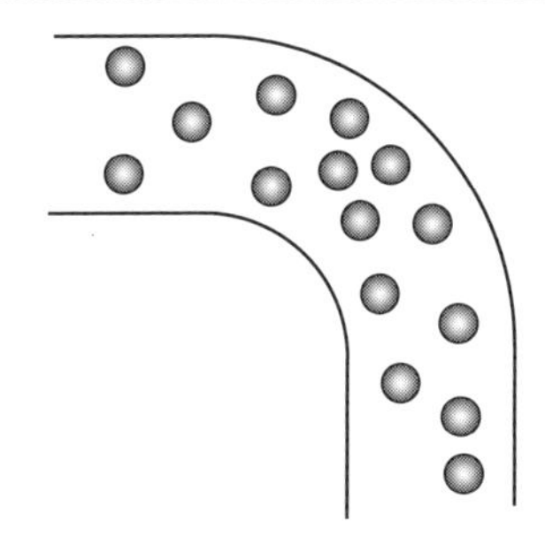

(2) 高い粒子濃度は衝突帯電を軽減する

要点 ノート

ニューマチック輸送の静電気対策の基本として、ある程度粉体濃度を高くすることが挙げられます。

3.5.3

【実践演習】オペレーターのマネジメント

【問1】ホッパーの壁をガンガン叩いている作業者にひとこと

新人の皆さんは現場に入っても効率的に作業をすることができません。大学で学んだことと現場の作業とは必ずしもリンクしないからです。現場にはベテランオペレーターがいて、頼りになる存在です。ある日、ホッパーからの排出の作業を行うことになりましたが、ベテランオペレーターは、条件反射的にホッパーの傾斜部分をクッションハンマー（叩く部分がプラスチックやゴムで被覆されている）で叩いています。皆さんはどのように指導したらよいでしょうか。

【解答例】 ホッパーの傾斜角は、取り扱われる粉体の特性に基づいて設計されています。それでも閉塞するときは閉塞するのが粉体の難しいところです。ホッパー内部でブリッジが形成されて閉塞を起こした場合には、むやみに叩いてもますます閉塞が強くなります。現場のオペレーターには日ごろの教育で粉体技術を身につけていただきましょう。また、力まかせに叩くとホッパーの変形にもつながります。筆者も昔、ボコボコに叩かれて変形したホッパーを何度もみました。せっかく粉体の特性に応じて傾斜角を決めてもこれでは粉体の流れが滞ります。

【問2】粉体流量計の設定を頻繁にいじっているオペレーターにひとこと

近年は粉体のフィーダーやニューマチック輸送の制御にPID制御を用いることが多くなってきました。ある日、制御室でオペレーターが、頻繁に流量の設定値を変化させている場面に遭遇しました。流量はPID制御されているので、変化させる必要はありません。皆さんの対応を次の3択から選んでください。

(a) 見て見ぬふりをする
(b) PID制御について丁寧に説明する
(c) オペレーターが設定値を変化させるのはルール違反だと叱る

【解答例】 PID制御は、まず比例制御（P）で設定値と現在の実測値との間に偏差があると、その偏差に比例して偏差をなくすような動作をさせます。これで実測値は設定値に近づきますが、設定値にはなりません。この最終的に残る偏差を残留偏差（オフセット）といいます。これをなくすには、ある一定時間の残留偏差を積分し、ある大きさになったところで操作量を増やして偏差をなくすように動作させます。これを積分制御（I）といいます。まだ問題があります。積分制御では、ある一定時間の演算が必要で、その間に乱れがあった場合は対応できません。そこで乱れがあった場合には比例制御、積分制御とは別に乱れをなくすような操作をして乱れをなくすようにします。これが微分制御（D）です。多くのプロセスでは、3種類の制御を同時に設定して操業しますのでPID制御と呼ばれています。プロセスの特性によっては、PI制御のみで済む場合があります。

【問3】ボルトを外したり締めたりするのがたいへんだ

粉体機械では、頻繁にボルトを外したり締めたりする箇所が意外に多いものです。オペレーターの方々は毎日のことですので、ボルトを外したり締めたりするのがたいへんだといわれるかもしれません。そのとき皆さんはどう対応しますか？次の3択から選んでください。

(a) たいへんなのは皆同じなのだと取り合わない
(b) それはたいへんですね、と一緒に手伝う
(c) オペレーターの声はユーザーの声と考え、改善策を考える

【解答例】 実際に開け閉めの頻繁なアクセスドアや点検フランジは、通常のボルトではたいへんです。現場のオペレーターの立場に立って、**図3-5-2**に示すようなスイングボルトあるいはシールアップボルトを採用しましょう。

装置性能とともに操作や点検のしやすさは売れる粉体機器の必要条件です。

図 3-5-2 スイングボルト

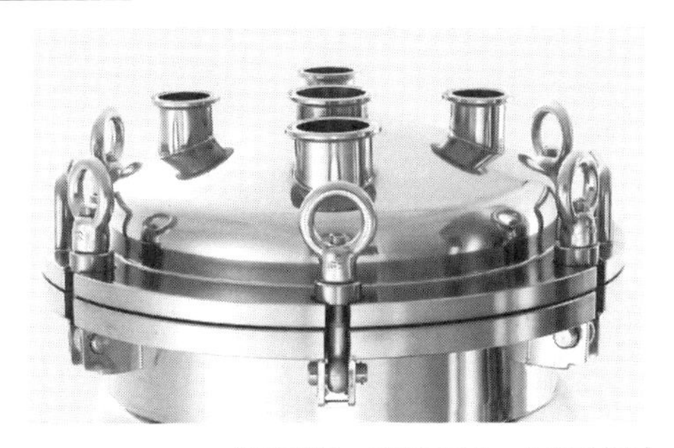

（写真提供：三広アステック株式会社）

要点 ノート

新人の皆さんは現場のオペレーターの方々の優れた技能に対して敬意をもって学ぶとともに、粉体技術の正しい姿を教える立場にあります。

3.5.4
【実践演習】粉砕機の性能評価

【問】 ローラーミルの操作条件を変えて粉砕性能のテストを行いました。ローラーミルで粉砕された穀物は、いろいろな目開きの篩(ふるい)を重ねたシフターと呼ばれる分離装置で篩い分けられます。各条件での篩上下の出量（粉砕物質量）の計測結果は**表3-5-1**のとおりです。

結果をロジン・ラムラー線図にプロットした上で、下記の設問に答えなさい。

(1) 得られたデータについて気づいた点をまとめなさい。

(2) 各条件でのnおよび中位径（50％径）x_{50}を求めなさい。

(3) 最上段の網を目開き1000 μmの網に変えたら出量はどのようになるか推定しなさい。

表3-5-1 計測結果

目開き/μm	条件1/%	条件2/%	条件3/%
1400	32	36.5	45
710	26	26.5	5
500	10	9	21
250	16	14	17
125	8	7	6.5
125下	8	7	5.5

＊計測結果は質量％を表す。

【解答例】

(1) **図3-5-3**に表3-5-1のデータをプロットします。

①各条件ともおおむねロジン・ラムラー線図上で直線関係になっています。このテストでは中位径のみがシフトし、分散は変化しません。

②しかしながら条件3の710 μmおよび500 μm篩上の出量がずれています。710 μm篩網が破れている可能性があります。

(2) 条件3の710 μmの篩に破れが発生している可能性があるため、710 μmお

図 3-5-3 ロジン・ラムラー線図へのプロット

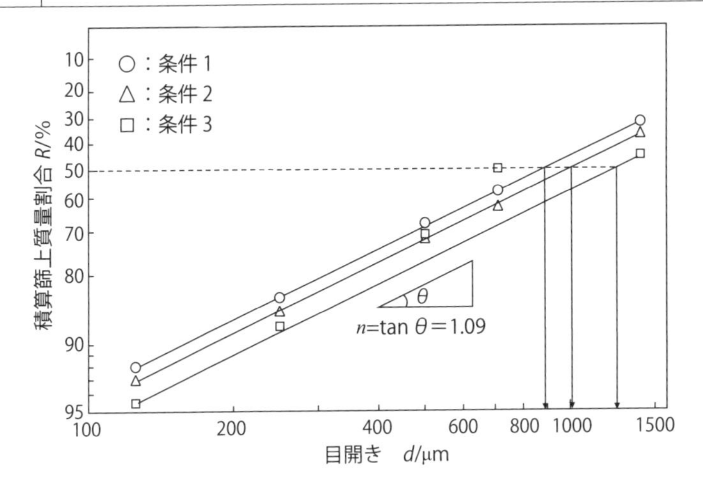

表 3-5-2 ロジン・ラムラー線図から求めた粒子径分布のパラメーター

	条件1	条件2	条件3
中位径 x_{50}/μm	880	1010	1220
指数 n/ー	1.09	1.09	1.09

よび500 μm篩上のデータを除いて回帰直線を引きます。3本ともほぼ同じ傾きになります。そこでこれらの直線と同じ傾きで、線図下方の極（pole）を通る直線を引き、線図上方のnを読み取ると$n=1.09$でした。このnは分布の広がりを表すパラメーターです。また、縦軸の50％から右方に水平線を引き、各回帰直線との交点から垂直下方に直線を引き、横軸との交点が中位径（50％径）を表します。

結果をまとめると**表3-5-2**のとおりです。

(3) 図3-5-3において、横軸1000 μmから垂直上方に直線を引き、各回帰直線との交点を求めます。さらにその交点から右方に水平線を引き、縦軸との交点を読みとります。条件1は篩上45％、条件2は篩上50％、および条件3は、網が破れていないと仮定して得られた回帰直線より57％と求められます。

要点 ノート

粒子径分布の整理に対して、ロジン・ラムラー線図は簡便に利用できるツールです。

コラム

● ジャガイモデンプン ●

本書1.1.2項で示したように、植物のデンプンはサイズが数μmから30μm程度の微小な粒子として植物の穀粒や根茎に貯蔵されています。その粒子径からわかるように付着性が高くハンドリングしづらいのが特徴ですが、唯一の例外はジャガイモデンプンです。ジャガイモデンプンは片栗粉として知られています。①にジャガイモデンプンの走査型電子顕微鏡写真を示します。スケールと比べてみればわかるように大きな粒子は100μm程度もあります。これくらい大きな粒子になると、付着力よりも自重のほうが大きくなるため、流動性が高くなります（1.2.5項参照）。

そこで食品の分野では、打ち粉といって、ベースとなる食品素材が互いにくっつくことを防止するためにジャガイモデンプンを付着させることが行われます。②に稲庭うどんの乾麺の電子顕微鏡写真を示します。稲庭うどんは、うどんの規格の中では最も細い部類に属しており、製麺時に麺同士がくっついてしまうことを防止するために、ジャガイモデンプンを打ち粉として使用しています。小麦デンプンを打ち粉として使おうとすると、小麦デンプン自体に凝集性があり、②のように均一な付着は不可能となります。まさに粉体工学の基本を踏まえた技術といってよいでしょう。

①ジャガイモデンプンの
走査型電子顕微鏡写真

②稲庭うどん（乾麺）の
走査型電子顕微鏡写真

【おわりに】

本書の主な読者層は、これから粉体関連産業に就職を考えている大学生の皆さんと、すでに粉体関連産業で仕事をされている若手の皆さんです。大学生の皆さんには「そういう世界もあるのだ」と興味をもっていただいたことと思います。若手の技術者の皆さんには、粉体に対する考え方、取り組み方をお伝えできればこれに勝る喜びはありません。

さて、本書を執筆するにあたっていくつかこだわったことがあります。まず専門用語は可能な限り漢字を使いました。筆者が社会に出たころは、漢字表記が制限され、常用漢字（当時は当用漢字）に基づいて学術記事が書かれ、著名な研究者の総説をみると、「充てん層をかくはんすることで発生するせん断応力」「ふるいやろ過によって～」といった状況でした。筆者の研究室の学生も「ふるい」は昔の技術なので「古い」だと長い間勘違いしていたそうです。このままだと専門家として好ましい状態ではないと考え、努めて漢字表記を試みました。本書では、先ほどの文章は「充塡層を攪拌することで発生する剪断応力」「篩や濾過によって～」と記述しています。

また単位系については、SI単位系に従って記述し、数値と単位は掛け算であるという観点から「10 μm」といったように、数字と単位の間は半角空けています。また、単位記号の積は、例えば「Nm」でも「N·m」でもかまいませんが、本書の性格上、わかりやすくするため、「N·m」と記載することにしました。またグラフの軸ラベルは、目盛りが物理量を単位で割った数値ですので、「粒子径x/μm」といったように、割り算であることを示す「/」を用いました。以上の記述法は現時点での国際標準であり、皆さんがこれから作成される技術文書や学術論文もこれに従っていただければ幸いです。

本書を通読することで、粉体工学だけではなく最新の科学技術に取りつく基礎知識が身につくはずです。次のステップは、椿淳一郎博士らの「入門粒子・粉体工学」です。もうそれほど難しくはないと感じるはずです。さらにより深い技術を学ぶため、「粉体工学叢書，粉体工学会編，全8巻」にチャレンジしてください。一流の技術者になった皆さんにお会いできる日を楽しみにしています。

なお、本書の企画・編集から出版に至るまで、日刊工業新聞社の奥村功さん、木村文香さんにたいへんお世話になりました。こうして本書の形になったのは、両氏の熱意とご尽力の賜物と深く感謝申しあげます。

工学院大学　山田昌治

参考文献

第1章

1)「粉体技術者のための粉体入門講座48　入門の予習編-1　粒子の大きさについて-1」後藤邦彰，粉体技術（2014），vol.6，p.86-87

2)「粉体技術者のための粉体入門講座49　入門の予習編-2　粒子の大きさについて-2」後藤邦彰，粉体技術（2014），vol.6，p.196-197

3)「粉体技術者のための粉体入門講座50　入門の予習編-3　粒子の大きさについて-3」後藤邦彰，粉体技術（2014），vol.6，p.300-301

4)「粉体工学実験法（1）」三輪茂雄，粉体工学研究会誌（1966），vol.3，p.582-586

5)「川北粉体圧縮式の特性定数」川北公夫他，粉体工学研究会誌（1974），vol.11，p.453-460

6)「粉塵爆発」榎本兵治，地学雑誌（1989），vol.98，p.815-823

7)「入門粒子・粉体工学 改訂第2版」椿淳一郎，鈴木道隆，神田良照，日刊工業新聞社（2016），p.5-45

8)「分散基礎講座（第Ⅱ講）分散理論の基礎」大島広行，色材（2004），vol.77，p.328-332

9)「トコトンやさしい粉の本 第2版」山本英夫，伊ケ崎文和，山田昌治,日刊工業新聞社（2014），p.82-99

10)「微粒子の分散と凝集 - 基礎と応用 -」臼井進之助，佐々木 弘，資源・素材学会誌（1991），vol.107，p.585-591

第2章

11)「Cunninghamの補正係数について」宗像 健，粉体工学会誌（2013），vol.27，p.91-96

12)「粉体工学実験法（5）―粉体試料の分割法―」三輪茂雄，粉体工学研究会誌（1966），vol.6，p.16-23

13)「現場で役立つ粒子径計測技術」椿淳一郎，早川 修，日刊工業新聞社（2001），p.21-63

14)「粉体工学叢書 第3巻 気相中の粒子分散・分級・分離操作」粉体工学会（編），日刊工業新聞社（2006），p.12-71

15)「粉体工学叢書 第2巻 粉体の生成」粉体工学会（編），日刊工業新聞社（2005），p.16-51

16)「エアロゾル基礎講座 6. 分級②：慣性力や遠心力を用いた分級」奥田知明他,エアロゾル研究（2017），vol.32，p.276-288

17)「粉体工学概論 第2版」一般社団法人日本粉体工業技術協会（編），一般社団法人日本粉体工業技術協会（1996），p.87-104

18)「各種粉体供給機の特性」井伊谷鋼一，増田弘昭，化学工学（1973），vol.37，p.782-789

19)「形状分離のリサイクリングへの応用」大矢仁史他，資源処理技術（2000），vol.47，p.206-213

20)「エアロゾル学基礎講座8. 粒径分布②：光散乱式粒子計数法」矢吹正教，エアロゾル研究（2018），vol.33，p.108-118

21)「エアロゾル学基礎講座8. 分級①：微分型移動度分析器」飯田健次郎他，エアロゾル研究（2017），vol.32，p.56-66

22)「電気移動度法拡散法による気中微粒子の測定と分級」金岡千嘉男他，粉体工学会誌（1984），vol.21，p.753-758
23)「円形ノズルカスケード・インパクターの分離機構 -間隔比の影響-」湯 晋一，井伊谷 鋼一，化学工学（1970），vol.34，p.427-432
24)「粉体技術者のための機械要素入門 第1回 ボルト・ナットの締め付け方」山田昌治，粉体と工業（2003），vol.35，No.5，p.74-75
25)「粉体技術者のための機械要素入門 第2回 ボルト・ナットのゆるみ止め技術」山田昌治，粉体と工業（2003），vol.35，No.6，p.80-81
26)「粉体技術者のための機械要素入門 第3回 軸と軸受」山田昌治，粉体と工業（2003），vol.35，No.7，p.76-77
27)「粉体技術者のための機械要素入門 第4回 伝動」山田昌治，粉体と工業（2003），vol.35，No.8，p.76-77

第3章

28)「粉体特性評価装置　パウダテスタ　PT-S＋USPタップ密度測定装置」井上　義之，粉砕（2008），No.51，p.81-86
29)「マイクロカプセルの化学」牧野公子，オレオサイエンス（2001），vol.1，p.949-954
30)「粉体の力学的挙動-貯槽内の粉体応力-」青木隆一，粉体工学会誌（1988），vol.25，p.27-33
31)「横型乾式ビーズミルを用いた微粉砕および所要動力と粒子径の関係」田村 崇弘他，粉体工学会誌（2017），vol.54，p.648-653
32)「流動層工学における最近の進歩 」森 滋勝，鉄と鋼（1990），vol.76，p.817-824
33)「造粒技術紹介」須原一樹，小西孝信，粉砕（2010），No.53，p.72-76
34)「粗大粒子分級型サイクロンにおいて粒子濃度が分級性能へ及ぼす影響」忍足輝男，粉体工学会誌（2017），vol.54,p.390-397
35)「アルコキシドの加水分解法による単分散微粒子の合成」水谷惟恭，粉体工学会誌（1989），vol.26，p.183-188
36)「ナノマテリアル工学体系第1巻ニューセラミックスガラス」平尾一之監修，フジ・テクノシステム（2005），p.19-27
37)「粉体の機能化1 概論」山田昌治，粉体技術（2010），vol.2，p.68-69
38)「粉体の機能化2 粒子径の制御による機能発現」山田昌治，粉体技術（2010），vol.2，p.86-87
39)「粉体の機能化3 粒子形状の制御による機能発現」山田昌治，粉体技術（2010），vol.2，p.66-67
40)「粉体の機能化4 粒子界面の制御による機能発現」山田昌治，粉体技術（2011），vol.3，p.86-87
41)「粉体の機能化5 粒子の複合化による機能発現」山田昌治，粉体技術（2011），vol.3，p.80-81
42)「粉体の機能化6 素材物性を利用した機能発現」山田昌治，粉体技術（2011），vol.3，p.66-67

【索引】

著者略歴

山田 昌治（やまだ まさはる）

1977年京都大学工学部化学工学科卒、1979年同大学院工学研究科修士課程修了。川崎重工業㈱、秋田大学鉱山学部助手を経て、1988年より日清製粉㈱（㈱日清製粉グループ本社）にて生産技術の研究、事業開発、食品の基礎研究、技術管理に従事。2010年工学院大学応用化学科教授、食品衛生管理者・食品衛生監視員養成施設長。専門分野は粉体工学、食品化学、食品工学。工学博士。

NDC 571.2

わかる！使える！粉体入門
〈基礎知識〉〈段取り〉〈実作業〉

2020年6月20日　初版1刷発行　　定価はカバーに表示してあります。

ⓒ著者　山田 昌治
発行者　井水 治博
発行所　日刊工業新聞社　〒103-8548 東京都中央区日本橋小網町14番1号
書籍編集部　電話 03-5644-7490
販売・管理部　電話 03-5644-7410　FAX 03-5644-7400
URL　https://pub.nikkan.co.jp/
e-mail　info@media.nikkan.co.jp
振替口座　00190-2-186076

印刷・製本　新日本印刷㈱

2020 Printed in Japan　落丁・乱丁本はお取り替えいたします。
ISBN 978-4-526-07938-2 C3043